SONJA MEIBURG

LASS DAS!

HUNDEN FREUNDLICH GRENZEN SETZEN

MIT KOSMOS MEHR ENTDECKEN
Management
Training
Ruhe
SEIT 1822

KOSMOS

INHALT

Um was geht's hier eigentlich?

„Grenzen setzen" ist eins der ersten Dinge, die du als Neu-Hundler lernst. Also zumindest dann, wenn es nach all den anderen Hundlern geht, die du so triffst: Trainer/innen, Spaziergänger/innen, Hundewiesenbesucher/innen, Schon-immer-Hunde-gehabt-Haber/innen. Sobald dein Hund irgendetwas tut, was irgendjemand nicht so gut findet, wirst du darauf hingewiesen, dass du da jetzt mal Grenzen zu setzen hast.
Ob dein Wuffel jemanden begrüßen möchte und sich nicht gleich von dir abrufen lässt, ob er am Wegrand nach einer Maus buddelt und nicht sofort alles stehen und liegen lässt, sobald du nach ihm pfeifst. Immer steht gerade jemand hinter dir, der dir mehr oder weniger laut und massiv zu verstehen gibt, dass du da jetzt dringend „Grenzen setzen" musst. Weil dein Hund dich sonst nicht mehr ernst nimmt. Weil er sofort wissen muss, was er nicht darf, damit er das nie wieder wagt.
Das führt dazu, dass „Grenzen setzen" in der Regel verbunden ist mit dem Gefühl, den Hund durch Angst- oder Schmerzreize einschüchtern zu müssen. Wenn jemand zu dir sagt, dass du deinem Hund doch bitte zeigen sollst, dass er etwas nicht tun darf, dann ist damit meistens gemeint, ihn zu erschrecken/an der Leine zu rucken/laut zu schimpfen/auf den Boden zu drücken/was auch immer dir an unangenehmen Maßnahmen so einfällt.
Wenn du bei solchen Strafmaßnahmen etwas Bauchweh hast, weil du den Hund, den du liebst und der dir vertraut, einschüchterst oder ihm weh tust, dann lass dir aus ganzem Herzen gesagt sein: Du musst deinen Hund nicht erschrecken oder ihm wehtun! Du kannst deinem Vierbeiner auch auf sehr nette und effektive Weise zeigen, was du von ihm möchtest und wie er sich bitte benehmen soll. Und genau das ist es, worum es in diesem Buch geht: deinem Hund beizubringen, was du möchtest und was du nicht möchtest. Du lernst, welche Wirkungen es haben kann, wenn du deinen Vierbeiner über Schreck- oder Schmerzreize trainierst, welche Ursachen unerwünschten Verhaltens beim Hund oft in der Erziehung unberücksichtigt bleiben, wie du Verhalten, das dir nicht gefällt, schnell auf eine nette Weise unterbrechen kannst und was du tun kannst, damit das blöde Verhalten bei deinem Hund so schnell nicht wieder auftaucht.

Alles, was du dazu brauchst, ist etwas Köpfchen, ein paar Übungen und ein Plan!

Lass uns loslegen!

Liebe Grüße,

Sonja Meiburg

SETZ DICH DURCH!

UNERWÜNSCHT!

Musst du jetzt Grenzen setzen?

Wie wichtig sind Grenzen?

Dein Hund zeigt ganz sicher ein Verhalten, das dir nicht gefällt. Sonst würdest du dieses Buch vermutlich nicht lesen. Schnapp dir bitte jetzt gleich einen Stift und ein Blatt Papier und schreibe auf, welches Verhalten das ist.

Wenn es um mehrere Verhaltensweisen geht, schreib bitte zunächst nur eine einzige auf. Das, was dich am meisten nervt. Diesen Zettel wirst du in den nächsten Tagen immer mehr erweitern um die Dinge, die du hier im Buch liest. Lege ihn also bitte zusammen mit dem Stift an eine Stelle, wo du ihn jederzeit zur Hand hast. Du hast das Verhalten aufgeschrieben, was dich am meisten stört? Gut, dann kannst du weiterlesen.

„Jetzt setz dich doch mal durch und zeig ihm, wer der Boss ist!"

„Hunde machen das untereinander ja auch so!"

„Grenzen geben doch auch Freiraum"

Kennste, ne? Mir ist bis heute noch kein Hundler untergekommen, der solche Sprüche nicht schon mal gehört hätte.

NERVIGES VERHALTEN

Was ist es, was dir an deinem Hund gerade so richtig missfällt? Zieht er an der Leine? Keift er andere Hunde an? Jagt er Kaninchen und zeigt dir dabei die Stinkepfote, wenn du versuchst, ihn wieder einzufangen? Klaut er Socken und gibt sie dann nicht mehr her? Welche Situationen fallen dir noch ein? Was ist so richtig nervig?

Hast du was gefunden? Ganz sicher! Irgendeinen Quatsch macht jeder Hund mal und du würdest dieses Buch vermutlich nicht lesen, wenn du nicht irgendein Problem hättest, bei dem du gerne „Grenzen setzen" wollen würdest.

Aber was ist dran an solchen Sprüchen? Wie viel Wahrheit steckt darin? Das werden wir jetzt gemeinsam herausfinden.

Manche Verhaltensweisen sind nervig.

„JETZT SETZ DICH DOCH MAL DURCH!"

Hinter diesem Spruch steckt die alte Denkweise, dass der Hundehalter unbedingt der Rudelführer sein sollte. Nur, wenn der Hund einen Menschen als Rudelführer akzeptieren würde, würde er auch gehorchen. Und so ein Rudelführer darf nicht zimperlich sein! Der muss sich ja andauernd durchsetzen und den anderen Rudelmitgliedern zeigen, dass mit ihm nicht zu spaßen ist, um seine Alphastellung in der Rangordnung nicht zu verlieren.
Angeblich geht diese Rangordnung mit ganz bestimmten Regeln überein, die wir Menschen unbedingt übernehmen und einhalten müssen.
Ein paar davon hast du bestimmt schon mal gehört:
„Gehe immer vor deinem Hund durch die Tür!"
„Der Alpha frisst immer zuerst, deswegen bekommt auch dein Hund immer erst nach dir etwas zu fressen!"
„Der Hund darf niemals auf die Couch/auf die Treppe/in den ersten Stock, weil immer nur der Alpha erhöhte Liegeplätze aufsucht!"
„Dein Hund darf beim Spaziergang nie markieren, nur pinkeln. Sollte er doch mal markieren, musst du mit deinem eigenen Urin über die Marke deines Hundes drübermarkieren!"
Manche Sachen kommen dir absurd vor? Ja, mir auch. Trotzdem werden sie immer noch propagiert. Zum Mitführen des eigenen Urins gab es eine Zeitlang sogar praktische Urinsprühfläschchen, die man käuflich erwerben konnte. Diese Denke ist allerdings schon ziemlich veraltet.
Ein Rudel ist eine Fortpflanzungsgemeinschaft und man kann bestimmt vieles von uns Menschen behaupten, aber in der Regel sind wir nicht besonders interessiert daran, uns mit unseren Hunden fortzupflanzen.
Also sind wir schon mal kein Rudel.
Aber davon abgesehen: Wenn du jetzt mal kurz über das Verhalten nachdenkst, das dir an deinem Hund gerade missfällt, glaubst du dann wirklich, dass er das bleiben lässt, nur weil er nicht aufs Sofa darf?
Nehmen wir zum Beispiel Aggression gegenüber Artgenossen. Dein Hund ist gerade im Teenie-Alter, hat nen fetten Testosteronschub und pöbelt andere Hunde an. Um das Pöbeln abzustellen, lässt du ihn nicht mehr aufs Sofa, isst selbst immer etwas, bevor du deinem Hund etwas zu fressen gibst, und gehst immer vor ihm durch die Tür. Wenn du richtig krass drauf bist und es auf jeden Fall richtig machen willst, zeigst du deinem Hund, dass du DER Alpha bist, indem du über jede seiner Pipistellen selbst drübermarkierst. Mehr Alpha geht wohl nicht. Nach ein paar Wochen intensiven Alphatums gehst du (natürlich vor deinem Hund) durch die Haustür und draußen kommt zufällig gerade der Erzfeind ums Eck. Wenn du die Rudelführer-Denke jetzt konsequent zu Ende denkst, wäre es doch eigentlich logisch, dass dein Hund dich spätestens nach der Markier-Aktion als Alpha anerkannt hat und jetzt darauf wartet, ob du das Zeichen zum Angriff gegenüber dem unverschämten Nachbarsköter gibst, der jedes Mal mit hochgerollten Hemdsärmeln vorbeikommt und unbedingt eine

Unsinniges Hilfsmittel

Schlägerei provozieren will. Und? Wartet dein Hund, ob du ihm die Erlaubnis erteilst, den Nachbarsfiffi zu vermöbeln, nur weil er in den letzten Wochen nicht mehr aufs Sofa durfte? Ich denke, du kennst die Antwort. Über Rudel und Rangordnung muss noch eine ganze Menge geforscht werden, aber es gibt nicht eine einzige Untersuchung, die einen Zusammenhang zwischen dem „Zuerst durch die Tür gehen" und gesteigerten Gehorsam hätte ziehen können. Das, was wir Menschen aus dieser Rangordnungs-Denke an Regeln abgeleitet haben, ist Quatsch. Ob ich vor meinem Hund durch die Tür gehe oder nicht, hat nichts damit zu tun, ob mein Hund an der Leine zieht, Kaninchen jagt oder Nachbarshunde verhauen will.

Hunde kommunizieren anders als wir.

„HUNDE MACHEN DAS UNTEREINANDER JA AUCH SO"

Ja? Was genau machen sie denn untereinander auch so? Gemeint sind damit meist körperliche Rempeleien, über den Fang fassen, im Nacken packen und schütteln oder den Hund kneifen. Und ja, es stimmt, dass Hunde untereinander manchmal körperlich werden können, wenn sie oder Dinge, die ihnen wichtig sind, bedroht werden. Das Problem ist, dass das körperliche Bedrohen oder Bestrafen nur einen sehr kleinen Teil der vielen, vielen Formen hundlicher Kommunikation darstellt. Bevor es wirklich zu einem heftigen Konflikt kommt, senden Hunde sehr viele, kleinere Signale aus. Das tun wir Menschen aber nicht. Wenn du so sein willst wie ein Hund, müsstest du ihm auch zur Begrüßung am Hintern schnuppern. Wenn du deinen Hund auf den Boden drückst, weil er den Nachbarsfiffi vermöbeln will, dann pickst du dir einen sehr kleinen Teil an „Kommunikation" heraus und hoffst, dass dein Hund dann schon irgendwie versteht, was du meinst. Du bist aber kein Hund und deswegen kannst du nicht so kommunizieren wie ein Hund. Dir fehlen dazu schlicht der Körperbau und die dazugehörigen Sinneswahrnehmungen. Du hast keine Lefzen, die du kräuseln kannst. Du hast kein Fell, das du aufstellen kannst. Du hast keine Rute, die du bedrohlich und starr erheben kannst. Du kannst deine Ohren nicht so bewegen, wie dein Hund es tut. Du bist also körperlich gar nicht in der Lage, einen Hund nachzuahmen. Sollte das bei dir anders sein, lass es mich bitte wissen.

MERKE

Du musst also gar nicht versuchen, dich so zu verhalten, wie dein Hund es tut.

Wenn du deinen Hund in die Flanke zwickst oder ihn auf den Boden drückst, dann tust du das nicht, weil du dich so verhalten möchtest, wie ein Hund es tut, sondern du tust das, weil du Verhalten hemmen möchtest. Du möchtest, dass dein Hund mit dem, was er tut, sofort aufhört! Je nachdem, wie leicht beeindruckbar dein Hund ist, klappt das mehr oder weniger gut. Du glaubst aber doch nicht einen Augenblick lang, dass dich dein Hund für einen Hund hält, nur weil du ihn anrempelst oder kneifst? Oder dass er dich besser versteht, wenn du ihn im Nacken packst und schüttelst, weil du damit seine Sprache sprichst? Geh mal davon aus: Dein Hund lebt mit dir zusammen und kann deine Körpersprache sehr genau lesen. Der weiß genau, wie du drauf bist. Er weiß nur leider oft nicht, warum du so drauf bist. Zum Beispiel kann es sehr lange dauern, bis dein Hund verstanden hat, dass der Leinenruck immer dann kommt, wenn er an der Leine zieht. Für Hunde kommt diese Strafe sehr häufig unvorhersehbar, willkürlich und ohne für ihn erkennbaren Zusammenhang, weil unser Timing oft sehr schlecht ist und wir bei Schreck- oder Schmerzreizen (ja, so ein Leinenruck ist ein Schmerzreiz!) große Unsicherheit beim Hund verursachen können. Dazu kommen wir später noch in allen Einzelheiten.

Du bist ein Mensch und kannst agieren wie ein Mensch und dein Hund wird dich, wenn du dein Training durchdacht aufbaust, trotzdem verstehen. Wenn du nicht versuchst, dich zu verhalten, wie ein Hund, sondern so wie ein Mensch, dann bist du auch frei, dir zu überlegen, ob es nicht ganz andere Möglichkeiten gibt, dich deinem Hund verständlich zu machen. Und schon bist du im durchdachten Training. Probier es aus.

Überraschung:
Du bist kein Hund!

„DER MUSS WISSEN, WO SEINE GRENZEN SIND!“

Es wäre echt klasse, wenn so ein Hund nie nerven würde. Wenn er immer ganz genau wissen würde, was wir gerade von ihm wollen, und das auch genauso durchführen könnte, wie wir es wollen. Wenn das mal nicht klappt, weil der Hund gerade abgelenkt oder auch so richtig mies drauf ist, weil's ihn gerade irgendwo zwackt oder weil er schlecht geschlafen hat, dann sind wir sehr schnell dabei, ihm zeigen zu wollen, dass wir sein unverschämtes Verhalten nicht dulden. Leider geht dabei häufig der Sinn und die Wertschätzung für das, was im Zusammenleben mit dem Vierbeiner schon richtig gut läuft, verloren.

Wir legen zu viel Wert auf Fehler!

Überlege: Hast du deinen Hund heute mal für alles, was bei euch schon richtig rund läuft, belohnt? Also nicht nur für das, was gerade euer Trainingsschwerpunkt ist, sondern vor allem für das, was du bisher immer als selbstverständlich angesehen hast. Hast du deinen Hund schon mal gelobt, weil er nicht wie irre an dir vorbei zur Tür rausstürmt? Hast du ihn mal belohnt, weil er bisher immer so schön an der Nachbarskatze vorbeigeht, ohne sie anzumeckern? Dein Hund macht das sowieso immer brav? Ja, super! Das heißt aber nicht, dass das so bleibt. Zeig ihm doch mal, dass du das, was er da macht, gut findest! Wir leben in einer Fehlerkultur. Schon in der Schule werden in den Aufgaben der Kinder die Fehler rot angestrichen und erhalten dadurch ein Gewicht, die die richtigen Antworten nicht erhalten. Dadurch wird unser Fokus immer wieder auf das gelenkt, was nicht gut läuft.Stell dir doch mal kurz vor, wie es wäre, wenn du besonderen Wert auf das legst, was schon richtig gut funktioniert. Mach eine Liste von all den Dingen, die mit deinem Hund schon richtig gut laufen. Kommt er zu dir gerannt, solange die Ablenkung noch nicht überragend groß ist? Spitze! Legt er sich unter den Tisch, statt dich beim Essen zu belagern? Genial! Kuschelt

Kuscheln geht immer!

er sich abends an dich und schnorchelt dann so niedlich? Auch das gehört auf jeden Fall mit auf die Liste! Du wirst bemerken, dass das Bedürfnis, Grenzen zu setzen, immer weniger wird, je mehr du wertschätzt, was mit deinem Hund schon so richtig gut läuft! Weil deine Stimmung steigt. Weil du dich wieder wohlfühlst mit deinem Vierbeiner. Weil du auf einmal merkst, dass du dich viel besser fühlst, wenn du nicht die ganze Zeit darauf lauerst, wann dein Hund sich das nächste Mal danebenbenimmt, sondern wenn du dich die allermeiste Zeit schlicht über das freuen kannst, was er tut. Ein weiterer, nicht zu unterschätzender Vorteil ist auch, dass dein Hund, wenn du gutes Verhalten belohnst, das gute Verhalten immer häufiger zeigt. Und wenn er häufiger gutes Verhalten zeigt, ist weniger Zeit und weniger Gelegenheit für blödes Verhalten. Du schlägst also gleich mehrere Fliegen mit einer Klatsche! Probier's mal aus!

„Grenzen geben doch auch Freiraum!“

Klar geben Grenzen Freiraum … dem, der sie setzt. Dein Hund möchte aufs Sofa, weil es da oben so schön gemütlich ist. Du willst das aber nicht. Also verbietest du deinem Hund, das Sofa zu betreten. Wem geben diese Grenzen denn jetzt mehr Freiraum? Dir oder deinem Hund?
Anstatt Freiraum folgt auf das Grenzensetzen beim Hund häufiger Frust. Das Blöde ist: Frust führt nicht selten zu unerwünschten Verhaltensweisen. Bleiben wir mal bei dem Beispiel mit dem Sofa. Dein Hund wollte gerne gemütlich liegen. Gemütlicher jedenfalls (und in deiner Kuschelnähe) als auf seiner dünnen Decke, auf der er alleine neben dem Sofa liegen soll. Vielleicht zuckt dein Hund mit den Schultern und legt sich wirklich allein auf seine Decke. Vielleicht gibt er sich aber so schnell nicht geschlagen und versucht, an einer von dir entfernteren Ecke das Sofa zu erklimmen. Oder er sucht sich, wenn er etwas kleiner ist, den Wäschekorb mit der frisch gewaschenen Wäsche, um darin zu liegen, weil es da auch noch so schön gemütlich und warm ist. Oder er wird aufgeregt, weil er gerne in deiner Nähe kuscheln wollte, du ihn aber abweist. Dann könnte es passieren, dass dein Hund aus Frust und Aufregung anfängt, zu bellen oder wild herumzuhüpfen. Und alle diese Verhaltensweisen müsstest du dann auch noch unterbinden. Dein Hund hat dann eher weniger Freiraum statt mehr.

MÜSSEN GRENZEN DENN ÜBERHAUPT SEIN? JA!

Mit den meisten Hunden wäre das Leben ziemlich schwierig, wenn sie permanent machen dürften, was sie gerade wollen. Wenn du deinen

Hunde haben andere Hobbys als wir.

Hund überhaupt nicht erziehen würdest und würdest ihn die ganze Zeit einfach selbst entscheiden lassen, wie sein Tag verläuft, wie sähe der dann aus? Vielleicht würde er ständig an der Leine ziehen, weil sein Tempo einfach schneller ist als deins. Vielleicht würde er andauernd bellen, sobald ihn das kleinste Geräusch aufregt. Vielleicht würde er, sobald er zur Tür raus ist, zum Nachbarszaun stürmen und sich erst einmal ein kleines Gefecht mit dem Hofhund von nebenan liefern. Vielleicht würde dein Hund Stunde um Stunde im Wald herumstreunern, weil es ihm riesengroßen Spaß macht, jeden Fuchsbau bis ins kleinste Detail kennenzulernen und den einen oder anderen Hasen quer durch die Felder zu jagen. Auch Leute, die sehr nett mit ihrem Hund umgehen möchten, müssen Grenzen setzen, selbstverständlich.

Die Frage ist nicht, „ob" wir unserem Hund Grenzen setzen müssen, sondern „wie". Wenn zu dir jemand sagt, dass du Grenzen setzen musst, ist das meistens ein etwas schöngefärbter Begriff für „Kneif ihn in die Flanken, wenn er bellt", „Rucke an der Leine, wenn er zieht" oder „Drück ihn auf den Boden, wenn er knurrt". „Grenzen setzen" bedeutet also häufig die Anwendung von Angst- oder Schmerzreizen. Wenn du über Angst- oder Schmerzreize deinen Hund erziehen möchtest, solltest du allerdings wissen, dass diese Art der Strafen Regeln unterliegen, die du als Strafender einhalten musst. Zwingend einhalten musst, denn es sind Regeln, die es deinem Hund erst ermöglichen zu verstehen, warum er gestraft wird und wie er diese Strafen vermeiden kann. Schauen wir uns diese Regeln doch einmal an.

Die Strafregeln – einmal druff und gut ist's?

„Strafregeln? Wass'n das? Der weiß doch, was er falsch gemacht hat. Das seh ich dem doch an!" Bist du dir sicher?

Stell dir doch mal vor, dein Hund würde gerne Kaninchen jagen. Und das letzte Mal, als er Kaninchen gejagt hat, hast du ihn so richtig zusammengeschissen, als er zurückkam. Logisch, denn er soll ja endlich verstehen, dass du Kaninchenjagen so richtig kacke findest und dass er ja nicht wagen soll, auch nur ein einziges Kaninchen mit einem halben Auge anzublinzeln! So! Jetzt hast du's ihm aber gezeigt!
Und? Kann dein Hund ab sofort ohne Leine laufen? Oder würde er bei nächster Gelegenheit wieder dem Kaninchen nachlaufen? Müsste er jetzt nach deiner Strafe nicht vom Kaninchenjagen endgültig ablassen, wo dein Hund doch jetzt ganz genau weiß, dass das nicht erwünscht ist?
Er jagt immer noch Kaninchen? Nun, da hast du wohl etwas falsch gemacht. Was du da falsch gemacht hast, kannst du jetzt selbst herausfinden.
Nimm dir bitte einen Zettel und einen Stift und krame in deinem Gedächtnis nach einer Strafmaßnahme, die du in den letzten Stunden angewendet hast.

BEISPIELE

Du hast deinen Hund an der Leine geruckt. Du hast deinen Hund auf den Boden gedrückt. Du hast deinen Hund in die Flanke gekniffen.
Ich meine also Schreck- oder Schmerzreize. Falls du aus den letzten Stunden gerade nichts präsent hast, nimm einfach die letzte Strafmaßnahme, die dir so einfällt.

STRAFREGELN

1. Das bestrafte Verhalten muss durch deinen Hund willentlich steuerbar sein!
2. Du musst das unerwünschte Verhalten immer bestrafen!
3. Du musst das unerwünschte Verhalten immer sofort bestrafen!
4. Du musst das unerwünschte Verhalten hart, aber nicht zu hart bestrafen!
5. Du musst deine Strafen immer ankündigen.
6. Bevor du bestrafst, muss dein Hund ein alternatives Verhalten gelernt haben und es auch zeigen können!

Und jetzt checken wir mal gemeinsam, ob du deine Strafmaßnahme richtig angewendet hast. Dafür überprüfen wir deine Maßnahme anhand der Strafregeln. Strafregeln sind Regeln, die du als Strafender einhalten musst, damit dein Hund auch versteht, für welches Verhalten er gestraft wird und damit dieses Verhalten auch wirklich in Zukunft nicht mehr gezeigt wird.

Leinenruck ist eine Strafe.

1

REGEL NUMMER EINS

Dein Hund muss das Verhalten durch seinen Willen beeinflussen können. Er muss also in dem Moment, in dem du strafst, so klar im Kopf sein, dass er sich ganz bewusst anders entscheiden könnte. Damit fallen zum Beispiel alle Verhaltensweisen raus, die auf Reflexen, Angst, großer Aufregung oder auch auf körperlichen Problemen basieren. Diese kann dein Hund kaum beeinflussen.

Ein paar Beispiele

Du übst mit deinem Hund das „Fuß“. Das heißt, er soll schön dicht neben dir laufen. In einer Linkskurve läufst du halb in ihn rein, weil er unaufmerksam war. Dein Hund erschreckt sich, weil du in ihn reinläufst und macht reflexartig einen kleinen Satz zur Seite. Du ruckst an der Leine, weil er die Position an deiner Seite

REGEL EINS

Das Verhalten, das du bestrafen möchtest, muss durch deinen Hund willentlich steuerbar sein!

verlassen hat. Dabei konnte dein Hund gar nicht anders reagieren.
Ihr begegnet einem anderen Hund. Der kommt rasant angerast. Deiner traut der Sache nicht und weicht aus. Den Der-tut-nix interessiert das nicht und er bedrängt deinen Hund, weil er unbedingt spielen möchte. Dein Hund kann nicht mehr ausweichen. Er knurrt oder schnappt, weil er in Panik gerät. Du bestrafst ihn, weil du nicht möchtest, dass dein Hund andere Hunde anknurrt. Dabei hatte dein Hund gar keine andere Wahl, als sich zur Wehr zu setzen.
Dein Hund ist noch nicht ganz stubenrein oder hat eine Blasenentzündung. Weil er mal dringend muss, pinkelt er dir ins Wohnzimmer. Du siehst das, packst deinen Hund am Nackenfell und schüttelst ihn. Dein Hund hätte aber gar nicht anders gekonnt, als ins Wohnzimmer zu pinkeln, weil du nicht rechtzeitig mit ihm rausgegangen bist.
Und noch ein letztes Beispiel: Du bürstest deinen Hund. Plötzlich zuckt er zusammen, dreht sich um und schnappt nach deiner Hand. Du haust ihm die Bürste über den Kopf, weil er nicht nach dir zu schnappen hat. Kurze Zeit danach fällt dir auf, dass sich dein Hund an der gebürsteten Stelle immer wieder schleckt. Er hat dort eine Wunde auf der Haut, die dir vorher nicht aufgefallen ist.
Bei all diesen Beispielen hätte dein Hund sich gar nicht anders verhalten können, als er sich verhalten hat.
Daher solltest du dir, wenn du deinen Hund durch Schreck- oder Schmerzreize strafen willst, immer als Erstes die Frage stellen: Kann mein Hund in dieser Situation, in der er Verhalten zeigt, was ich doof finde, überhaupt anders reagieren?
Wenn nein, macht es gar keinen Sinn, in diesen Situationen zu strafen. Dein Hund versteht deine Strafe dann nicht und das kann ganz blöde Nebenwirkungen haben.

2

1 – 2
Bürsten kann unschönes Verhalten auslösen.

Was passieren kann, wenn du diese Regel nicht einhältst:
Es kann zu Fehlverknüpfungen kommen. Das heißt, dass dein Hund die Strafe anders verknüpft als du das gerne hättest. Wenn du deinen Hund zum Beispiel Wasser ins Gesicht spritzt, weil er den Nachbarshund anbellt, dann ist die Wahrscheinlichkeit sehr groß, dass dein Hund diese Strafe nicht mit seinem eigenen Verhalten in Verbindung bringt, sondern mit dem Nachbarshund. Merke dir: Dort, wo die Augen deines Hundes hinschauen, dort befindet sich gerade sein Gehirn! Wenn dein Hund also völlig auf den Nachbarsfiffi fixiert ist, weil dieser für deinen Vierbeiner gerade die Kreatur aus der Hölle darstellt, verbindet er deine Wasserspritzerei vermutlich weniger mit seinem Gebell, sondern eher mit der Anwesenheit des Nachbarhundes. Du kannst das ganz einfach testen: Wenn dein Hund beim nächsten Mal dem Nachbarshund begegnet, hält er dann die Klappe und bleibt total ruhig, ohne dass du erneut spritzen musst? Wahrscheinlich nicht. Das ist ja auch kein Wunder, denn dein Hund wird ja nur angespritzt, wenn ein fremder Hund in der Nähe ist. Das kann sehr schnell dazu führen, dass sich dein Hund immer schneller und heftiger reinsteigert, sobald er fremde Hunde sieht. Und die Wahrscheinlichkeit, dass er jemals wieder entspannt anderen Hunden begegnen kann, sinkt gen Null, da er ja gelernt hat, dass es für ihn immer sehr, sehr unangenehm wird, sobald ein anderer Hund am Horizont auftaucht. Das war aber vermutlich nicht das, was du ihm beibringen wolltest, oder?
Es könnte auch passieren, dass dein Hund beginnt, dich zu meiden, indem er dir ausweicht oder versucht, rückwärts aus dem Halsband oder Geschirr zu schlüpfen, weil du ihm Angst machst. Falls du deinen Hund immer an der gleichen Stelle erschreckst, weil da zum Beispiel immer der Nachbarshund um die Ecke kommt, könnte es auch sein, dass er an dieser Stelle nicht mehr vorbeigehen möchte. Wenn die Wasserspritzerei deinem Hund richtig Angst macht, könnte es sogar passieren,

Bei Hundebegegnungen strafen ist keine gute Idee.

Jetzt bitte nicht den Hund erschrecken!

dass dein Hund dich angeht und nach dir schnappt, weil er sich nicht anders zu helfen weiß. Außerdem kann es sein, dass dein Hund bei Geräuschen, die dem Spritzen von Wasser ähneln, plötzlich hektisch oder ängstlich oder aggressiv reagiert. Das muss alles nicht passieren, kann aber passieren und ist auch schon passiert.
Was ziemlich sicher nicht passieren wird: Dein Hund findet andere Hunde auf einmal total klasse, ist zu jedem freundlich und nähert sich ihnen unbefangen und ganz ohne Gebell. Dabei ist das doch eigentlich das, was du gerne hättest, oder?

Oder nehmen wir noch ein anderes Beispiel: Dein Hund hat gelernt, dass er gestraft wird, wenn du bemerkst, dass er in die Wohnung pieselt. Es kann passieren, dass er beim nächsten dringenden Bedürfnis hinter die Couch pinkelt, damit du ihn nicht siehst, während er mal dringend muss. Wenn du also weißt, dass das Verhalten, das du blöd findest, eines ist, was dein Hund eigentlich gar nicht wirklich willentlich beeinflussen kann, dann musst du hier gar nicht weiterlesen, sondern kannst gleich zum nächsten Kapitel blättern. Dein Hund versteht deine Strafe eh nicht.

Dann eben schnell.

REGEL NUMMER ZWEI

Du kannst dir nicht aussuchen, wann du deinen Hund strafst. Du musst ihn immer strafen, wenn er was macht, was du doof findest. Also nicht nur dann, wenn du gerade neben ihm stehst. Nicht nur dann, wenn dich das Verhalten deines Hundes zufällig mal nervt. Sondern immer! Dein Hund hat ja sonst gar keine Möglichkeit zu lernen, welches Verhalten denn nun bestraft wird und welches nicht.
Stell dir mal vor, du gehst mit deinem Hund Gassi. Er ist total aufgeregt, freut sich und zieht deswegen an der Leine. Um ihm zu zeigen, dass er

das nicht soll, ruckst du mal kräftig. Dein Hund geht dann auch drei, vier Meter an lockerer Leine, bevor die Aufregung wieder siegt und er wieder zieht. Du ruckst wieder. Das Spielchen geht noch ein paar Mal so weiter, bis du irgendwann entnervt aufgibst oder du selbst durch ein vorbeihuschendes Eichhörnchen abgelenkt bist. Dann zieht dein Hund, aber du ruckst nicht mehr. Wie soll er da lernen, dass das Ziehen an der Leine unerwünscht ist? Wenn du jetzt denkst: „So konsequent ist doch kein Mensch!", dann hast du vermutlich recht. Aber wie unfair ist das dem Hund gegenüber? Du erwartest, dass dein Hund weiß, dass er nicht an der Leine ziehen soll, weil du an ihm rumruckst. Wenn du aber mal ruckst, wenn die Leine gespannt ist und mal nicht, wie soll dein Hund das dann wissen?

Das unregelmäßige Strafen hat auch noch einen richtig doofen Nebeneffekt: Strafen macht schlaue Hunde! Wenn dein Hund mal für ein Verhalten bestrafst und mal nicht, dann lernt dein Hund nicht, was er nicht machen darf, sondern er wird sich schnell merken, wann er bestraft wird und wann nicht, und dann sein Verhalten so anpassen, dass er sein Ziel erreicht, ohne bestraft zu werden.

Ein Beispiel

Du möchtest nicht, dass dein Hund Menschenkacke frisst. Also schimpfst du jedes Mal mit ihm, wenn du siehst, dass er etwas im Maul hat. Jetzt kann es aber passieren, dass du das gar nicht jedes Mal siehst. Manchmal findet dein Hund etwas im Gebüsch, ohne dass du es merkst. Manchmal bist du zu weit weg, um deinem Hund die Menschenkacke aus dem Maul zu wurschteln. Manchmal schluckt er so schnell, dass du gar nichts mehr machen kannst. Was glaubst du, was dein Hund lernt? Dass er alles liegen lässt, was ihm an Fressbarem über den Weg läuft? Oder könnte es nicht sein, dass er viel eher lernt, wie er das Fressbare behält, ohne dass du ihm dazwischenfunken kannst? Sprich: Wenn er etwas Fressbares findet, dann frisst er es entweder heimlich oder schluckt es schnell runter oder er nimmt es nur, wenn du nicht in seiner Nähe bist. Du hast ihn durch deine Schimpferei schlauer und schneller gemacht. Wenn du schon gemerkt hast, dass du deinen Hund für sein Verhalten gar nicht immer strafen kannst, weil du nicht immer in seiner Nähe, manchmal unaufmerksam oder abgelenkt bist, dann kannst du eigentlich auch schon zum nächsten Kapitel weiterblättern.

REGEL ZWEI

Unerwünschtes Verhalten muss immer bestraft werden!

REGEL NUMMER DREI

Deine Strafe muss in dem Moment erfolgen, in dem dein Hund das unerwünschte Verhalten zeigt. Du hast da nur ein sehr enges Zeitfenster. Wenn deine Strafe zu schnell oder zu spät erfolgt, kann dein Hund sein Verhalten nicht mehr mit deiner Strafe in Verbindung bringen. Er checkt dann also gar nicht, für was die Strafe eigentlich sein soll und kann ergo sein Verhalten auch gar nicht so verändern, dass er der Strafe entgehen kann.

Ein Beispiel

Dein Hund macht einen Haufen in die Wohnung. Du kommst heim, siehst den Haufen und bestrafst deinen Hund. Woher soll dein Hund dann wissen, dass er jetzt für den Haufen in der Wohnung bestraft wird? Jetzt wirst du vielleicht antworten: „Das sieht man ihm an. Der weiß genau, dass er etwas falsch gemacht hat!" Es kann tatsächlich sein, dass dein Hund dich, wenn du nach Hause kommst, sehr verunsichert anschaut. Vielleicht hat er nämlich schon gelernt, dass es, wenn es im Haus nach Hundehaufen riecht, riesengroßen Ärger gibt, wenn du nach Hause kommst, und dass du ihm dann weh tust oder ihn erschreckst. Wir Menschen halten dann dieses unterwürfige, verunsicherte Verhalten für ein schlechtes Gewissen.
Und wie ist das, wenn du deinen Hund rufst und er nicht gleich zu dir gelaufen kommt? Strafst du ihn, wenn er dann wieder bei dir ist? Möööp, keine gute Idee. In dem Moment, in dem dein Hund endlich wieder zu dir gelaufen kommt, ist das unerwünschte Verhalten, nämlich das Ignorieren deines Rückrufs, ja schon längst wieder Vergangenheit. Dein Hund zeigt gutes Verhalten, denn er kommt ja zu dir. Wenn du jetzt strafst, strafst du gutes Verhalten. Das könnte in Zukunft dazu führen, dass dein Hund, wenn er nochmal dein Rufen ignoriert, sich erst recht Zeit lässt, bis er wieder eincheckt, denn er weiß ja, dass ihm dann etwas Unangenehmes blüht, und wird die Strafe sehr gerne hinauszögern wollen. Damit erreichst du also genau das Gegenteil von dem, was du mit deiner Strafe eigentlich erreichen möchtest: Dass dein Hund kommt, wenn du ihn rufst.Das Gleiche gilt übrigens auch, wenn dein Hund über den Zaun springt, um mal zu schauen, was der Rest der Welt so zu bieten hat. In dem Moment, in dem er bereits über den Zaun gesprungen ist, brauchst du dir gar nicht mehr zu überlegen, wie du ihn jetzt am nachhaltigsten bestrafst. Der Zug ist abgefahren.
Wenn du jetzt merkst, dass du deinen Hund gar nicht immer sofort erwischst, wenn er in deinen Augen etwas falsch macht, kannst du einfach zum nächsten Kapitel weiterblättern.

REGEL DREI

Unerwünschtes Verhalten, muss nicht nur immer, sondern immer sofort bestraft werden!

So soll das eigentlich aussehen.

REGEL NUMMER VIER

Unerwünschtes Verhalten muss sofort so hart unterbunden werden, dass das unerwünschte Verhalten auf der Stelle abgebrochen wird. Und so hart, dass dein Hund gar nicht mehr in die Versuchung kommt, das Verhalten, das du nicht möchtest, jemals wieder auszuführen. Gleichzeitig darf die Strafe nicht so hart sein, dass dein Hund aus Angst oder Schmerz in ein Meide- oder Wehrverhalten dir gegenüber gerät. Wo diese Grenze liegt, ist natürlich sehr individuell. Kannst du deine Hand ins Feuer legen, dass du bei deinem Hund tatsächlich das „richtige" Maß erwischst?
Wenn du das nicht tust und zu sanft strafst, kann es sein, dass dein Hund sich an deine Strafmaßnahmen gewöhnt. Dass er anfängt abzuwägen: Lohnt es sich, die halbwegs milde Strafe in Kauf zu nehmen, um das unerwünschte Verhalten doch noch durchführen zu können? Dann wird er das vielleicht tun, auch wenn er gestraft wird. Deine Strafe nutzt sich ab.

REGEL VIER

Das unerwünschte Verhalten deines Hundes muss hart genug, aber nicht zu hart bestraft werden.

Hundebegegnungen kann dein Hund meistern lernen.

Ein Beispiel

Dein Hund sieht seinen Hundekumpel auf der anderen Straßenseite. Er freut sich so, dass er sich in die Leine schmeißt und zu seinem Kumpel hinrennen will. Das ist dir unangenehm, also ruckst du an der Leine und schimpfst mit deinem Hund. Der freut sich aber so dolle, dass er den Leinenruck ignoriert. Und was jetzt? Glaubst du, dass dein Hund beim nächsten Mal brav an der Leine geht, während sein Kumpel ums Eck kommt? Oder gehörst du auch zu den Menschen, die ihren Hund für besonders renitent halten und die der Meinung sind, ihr Hund bräuchte eine besonders harte Hand? Dabei hast du ihm eigentlich gerade beigebracht, dass man den Hundekumpel auch dann begrüßen kann, während an der Leine geruckt wird. Vielleicht empfindet er den Ruck dann gar nicht mehr als so schlimm.Vorsicht! Auf diese Weise kommst du schnell in eine Gewaltspirale. Beim nächsten Mal ruckst du vielleicht etwas kräftiger und drückst deinen Hund auf den Boden. Wenn du denkst, dass das auch nicht ausreicht, schmeißt du ihn vielleicht dabei noch mit Wucht auf den Rücken und hältst ihn an der Gurgel fest. Die Hemmschwelle, deinen Hund wirklich hart zu bestrafen und ihm richtig weh zu tun, wird immer niedriger, wenn du deinen Hund graduell immer härter strafst.

Auch hier wieder ein Beispiel aus meiner eigenen Praxis:

Ich wurde angerufen von einer Hundehalterin, die von ihrer Tierärztin an mich verwiesen wurde. Sie wollte, so sagte sie mir am Telefon, ihren Golden Retriever einschläfern lassen, weil er sie mitten ins Gesicht gebissen hat. Die Tierärztin sagte aber: „Nein, das

mach' ich nicht! Ihr Hund ist eigentlich ein netter Kerl, aber Sie brauchen Hilfe!", und hat ihr meine Telefonnummer gegeben. Beim ersten Termin war sie gerade wieder zurück aus dem Krankenhaus und man sah noch die Fäden von den vernähten Bisswunden in ihrem Gesicht. Erst einmal Kudos an die Dame, die sich Hilfe gesucht hat. Zumal es noch zwei kleine Mädchen im Haushalt gab, auch wenn es ihnen gegenüber noch nie zu irgendwelchen Aggressionen gekommen war.
Bei meinem ersten Besuch fand ich zu meinem Erstaunen keinen Golden Retriever, sondern einen ausgewachsenen, ziemlich großen Hovawart vor. Der war auch recht aufgeregt und schwer zu bändigen, aber nicht aggressiv. Frauchen erzählte mir, wie es zum Biss kam: „Ich saß mit ihm abends im Flur, um ihn noch ein wenig zu kraulen, bevor er seine Nachtruhe antreten sollte. Urplötzlich beißt er mir mitten ins Gesicht."
Zunächst konnte ich mir das nicht erklären. In unserer zweiten Stunde haben wir auf Wunsch der Halterin Aus-Training gemacht. „Er klaut ständig die Kindersocken und gibt sie dann nicht mehr her!" Wir haben mit dem Hund freundlich „Aus" geübt, indem wir ihm zunächst uninteressante Dinge angeboten haben, die er kurz ins Maul genommen hat. Wenn er sie auf unser Signal hin losgelassen hat, haben wir ihn belohnt. Innerhalb weniger Minuten konnten wir das bis zu den Kindersocken steigern und der Hund hat fröhlich alles losgelassen, was er im Maul hatte.
„Ach so geht das! Das wusste ich ja gar nicht!", sagte die Halterin dann ganz erstaunt. „Wenn er die Kindersocken nicht mehr hergeben wollte, habe ich ihm das Ohr umgedreht, bis er die Socken losgelassen hat."
Bei mir fiel der Groschen. Meine nächste Frage war: „Als du deinen Hund in den Schlaf kraulen wolltest … also bevor er dich gebissen hat … Wo genau hast du ihn da gekrault?"
„Ich kraule ihm immer am Ohr … Oh, verdammt!"
„Yup."
Das ist das, was passieren kann, wenn eine Strafe so heftig ist, dass sie deinen Hund dazu bringt, sich gegen dich zu wehren. Der Hovawart hatte schlicht Angst, dass ihm sein Frauchen wieder wehtut, und hat sich deswegen heftig zur Wehr gesetzt. Übrigens war diese Strafe für den Hund zwar so hart und schmerzhaft, dass er sich gewehrt hat.

Durch Angst und Schmerzen geht Vertrauen verloren.

Dein Hund kann Leinenführigkeit mit Freude lernen.

Sie hatte ihn aber nicht davon abgehalten, die Kindersocken immer wieder ins Maul zu nehmen und herumzutragen ... Er hatte offensichtlich gar nicht verstanden, dass das schmerzhafte Umdrehen des Ohrs bedeuten soll, dass er Socken liegen zu lassen hat. Also ein Fehlschlag auf der ganzen Linie.
Und das kommt, das kann ich aus langjähriger Erfahrung sagen, immer wieder vor. Die Hunde haben das Gefühl, sich gegen die Person, die sie lieben und mit der sie zusammenleben, wehren zu müssen. Weil sie Angst davor haben, wieder Schmerzen erfahren zu müssen.Kannst du sicher sagen, wo bei deinem Hund die Grenze liegt zwischen „hart genug“ und „zu hart“? Wenn nein, solltest du dir genau überlegen, ob du wirklich mit Schreck- oder Schmerzreizen bestrafen willst.

REGEL NUMMER FÜNF

Das bedeutet, dass du deinem Hund immer eine Vorwarnung geben musst, bevor du ihn strafst. Das ist wichtig, denn er hätte sonst gar keine Chance, einer Strafe zu entgehen und sein Verhalten so anzupassen, dass er nicht bestraft wird.

Beispiel Leinenführigkeit

Du kannst jedes Mal an der Leine rucken, wenn dein Hund an der Leine zieht (was, wie du dich vielleicht erinnerst, alleine schon daran scheitert, dass du nicht immer ruckst, sondern nur ab und zu). Wichtig ist es aber, dass du deinem Hund vor jedem Ruck eine Vorwarnung gibst. Du müsstest also immer zum Beispiel „Langsam“ sagen und erst, wenn dein Hund trotzdem weiter an der Leine zieht, an der Leine rucken. Wenn du das häufig genug machen würdest, würde das „Langsam" die darauffolgende Strafe ankündigen. Dein Hund hätte die Chance, seinen Schritt zu verlangsamen, um der Strafe zu entgehen. Wenn du mal ehrlich zu dir selbst bist: Schaffst du es, vor jeder Strafe deinem Hund eine Vorwarnung zu geben? Gibst du deinem Hund nach der Vorwarnung genügend Zeit, sein Verhalten zu korrigieren, bevor du überhaupt auf die Idee kommst, ihn zu strafen? Hast du dich so sehr im Griff, dass du nicht aus Versehen schon während oder kurz nach der Vorwarnung strafst? Oder ist es eher so, dass du strafst, weil du wütend bist und hoffst, dass du durch Schreck- oder Schmerzreize das Verhalten deines Hundes so schnell wie möglich ändern kannst?Wenn dein Hund nicht weiß, wann er gestraft wird, und er keine Vorwarnung bekommt, kann es passieren, dass er ständig Angst davor hat, bestraft zu werden. Das ist, als wenn er in ein Minenfeld läuft und immer Angst haben muss, dass ihm sein nächster Schritt um die Ohren fliegt. Hunde können auf diese Ungewissheit mit Frust und Stress reagieren. Der Körper steht dann unter einer Daueranspannung, weil das Gehirn ständig damit beschäftigt ist, die Umgebung und dich zu scannen, um mögliche Auslöser für Angst oder Schmerzen rechtzeitig erkennen zu können. Das führt nicht selten dazu, dass dein Hund schnell nervös wird, sich schlecht beruhigen kann und immer mal wieder überreagiert. Wenn du einen Hund hast, der sehr nervös wirkt und auch auf vermeintlich harmlose Reize sehr schnell heftig reagiert, frag dich mal, ob diese Nervosität nicht auch ein wenig mit dir zu tun haben könnte.

Außerdem kann es aufgrund der Daueranspannung auch zu einer erhöhten Geräuschempfindlichkeit kommen. Das gilt vor allem für Geräusche, die mit Strafreizen verknüpft sind, wie zum Beispiel das Klappern einer Wurfbüchse, das Klirren einer Wurfkette oder das Zischen eines Sprühhalsbands. Es kann zum Beispiel passieren, dass dein Hund zusammenzuckt oder sogar wegrennt, wenn du deinen Schlüsselbund in die Hand nimmst oder eine Wasserflasche öffnest. Ein Hund kann also Angst vor einer Strafe haben, auch wenn du in diesem Moment gar nicht strafen willst. Es wäre daher immens wichtig, deinem Hund immer eine für ihn deutlich erkennbare Vorwarnung zu geben. Tust du das wirklich jedes Mal, bevor du deinen Hund strafst?

REGEL FÜNF

Du musst deine Strafe immer ankündigen!

Beides klingt ähnlich.

1

REGEL NUMMER SECHS

Bevor du deinen Hund strafst, sollte er wissen, was du eigentlich von ihm möchtest. Jetzt kannst du natürlich sagen: Ist mir doch egal, was er macht. Er soll nur aufhören mit dem, was er gerade tut. Das ist aber nicht gehirngerecht. Was ist, wenn dein Hund sich nach der Strafe ein anderes Verhalten sucht, was du auch nicht toll findest? Strafst du dann wieder? Und was ist, wenn er dann wieder ein anderes Verhalten wählt, was du auch nicht magst ... Merkste was?

Lass uns mal ein Beispiel nehmen: Dein Welpe knabbert in deinem Wohnzimmer eine Ecke an der Wand an. Das gefällt dir nicht, logisch. Also schimpfst du mit ihm und ziehst ihn von der Wand weg. Dein Hund hat aber immer noch ein Erkundungsbedürfnis. Oder es juckt im Maul. Oder er ist aufgeregt. Also sucht er sich das nächste Knabberzeugs, diesmal ein Stuhlbein. Das gefällt dir verständlicherweise auch nicht. Also ziehst du ihn vom Stuhlbein weg und schimpfst wieder. Da dein Hund aber immer noch gerne knabbern möchte, sucht er sich nun deinen Schuh. Und so geht das Spiel fröhlich weiter.
Wäre es nicht einfacher, von Anfang an attraktive Alternativen zu bieten? Und zwar genau so attraktiv und interessant wie deine Wand? Wenn dein Hund von Anfang an Sachen zum Kauen erhält, die sein Bedürfnis befriedigen, wird er sich weniger an deiner Wand vergreifen.

REGEL SECHS

Bevor du bestrafst, muss dein Hund ein alternatives Verhalten gelernt haben und es auch zeigen können!

2

1 Kauen beruhigt.

2 Biete deinem Hund Alternativen!

Ein Beispiel

Zur mir kam eine Dame mit zwei Silkies-Rüden (Silken Windsprite: Windhunde) in den Einzelunterricht. Ihr Problem: Die Hunde jagen und sie sind nicht mehr abrufbar, wenn sie auf andere Hunde treffen. Dass die Hunde jagen, konnte ich gleich bei unserer ersten Stunde auf dem Hundeplatz feststellen. Frauchen holte ihre beiden Buben aus dem Auto, führte sie auf den Hundeplatz und leinte sie dort ab. Kaum sahen die beiden Hunde Krähen am anderen Ende sitzen, schossen sie los und jagten die Vögel vom Platz.

„Ich habe schon alles versucht und war auch schon bei einem anderen Hundetrainer, aber nichts hat geholfen." Das provozierte die Frage, was denn bisher „alles" geübt worden wäre. Welche Art Rückruftraining sie denn bisher gemacht hätte.

„Rückruftraining? Hm, also eigentlich gar nicht."

„Äh, was? Was habt ihr denn dann trainiert?"

„Einen Rückruf haben wir gar nicht geübt. Ich sollte meine Hunde rufen und wenn sie nicht sofort herkommen, sollte ich brüllend auf sie zurennen und mir mit der Leine vor die Brust schlagen."

Es gibt diese Momente im Leben einer Trainerin, in denen man nicht weiß, ob man heulen oder lachen soll.

„Und? Hat das funktioniert?"

„Nein. Der Große hat sich auf den Boden geschmissen und unter sich gemacht, das fand ich total schlimm. Der Kleine ist da robuster. Der ist trotzdem jagen gegangen und kam dieses Mal erst sehr spät zurück. Als ich beim nächsten Mal dem Trainer gesagt habe, dass das nicht funktioniert hat, meinte er, da würde nur noch ein Teletakt-Gerät helfen (Anm: Ein Stromreizgerät), aber das dürfe man ja öffentlich nicht anwenden."

Lass uns mal zusammenfassen: Die Hunde kennen kein Rückrufsignal. Und wenn Frauchen ihr Rückrufsignal ruft und die Hunde nicht darauf reagieren, sollen sie bestraft werden. Äh, für was? Dafür, dass sie ein Signal ignorieren, dass ihnen nicht einmal beigebracht worden ist?

Frage dich doch bitte, ob du deinem Hund überhaupt beigebracht hast, was er tun soll, bevor du ihn für etwas strafst, was er nicht tun soll. Hat er überhaupt schon gelernt, dass er an lockerer Leine gehen soll, bevor du an der Leine herumruckst? Hat er gelernt, dass er zu dir kommen soll, bevor du ihn strafst, dass er nicht auf deinen Rückruf reagiert? Hat er überhaupt je richtig gelernt, einen Gegenstand auszulassen, bevor du ihn

dafür bestrafen willst, wenn er dir seinen leckeren Kauknochen nicht überlassen möchte?
Wenn nein, dann macht es gar keinen Sinn, deinen Hund zu bestrafen, denn er weiß ja gar nicht, was du eigentlich von ihm möchtest und hat so keine Chance, das „richtige" Verhalten zu wählen.

UND?

Hast du deine letzte strafende Maßnahme mal an diesen Regeln gemessen? Und? Wie viele dieser Regeln konntest du einhalten? Das ist ziemlich ernüchternd, oder?
Das heißt übrigens nicht, dass eine Erziehung in Verbindung mit Schreck- oder Schmerzreizen nie funktioniert. Manche Hunde sind sehr intelligent und gleichzeitig leicht zu hemmen, so dass sie schnell verstehen, wie sie einer Strafe entgehen können. Aber wie du an den oben genannten Beispielen siehst, kommt es vor, dass dein Hund deine Strafe nicht richtig versteht und deswegen sein unerwünschtes Verhalten nicht abstellt, sondern immer aufgeregter, aggressiver, ängstlicher, ungehorsamer wird. Und blöderweise sind das dann die Hunde, zu denen man oft sagt: Die sind renitent! Und das, weil die Halter nicht erkennen, dass ihre Strafen zu diesem Verhalten führen. Aber eine Erziehung, die schwerpunktmäßig über Schreck- oder Schmerzreize durchgeführt wird, macht nicht nur etwas mit deinem Hund, sondern auch mit dir. Wenn du deinen Hund für ein Fehlverhalten strafen möchtest, bleibt dir ja nichts anders übrig, als auf Fehlverhalten zu warten oder es zu provozieren.

Ein Beispiel

Dein Hund springt fremde Leute an. Du gehst also mit deinem Hund spazieren und wartest die ganze Zeit darauf, dass dein Hund endlich Anstalten macht, jemanden anzuspringen, damit du ihn dafür bestrafen kannst. Du legst dich also regelrecht auf die Lauer und wartest darauf, dass dein Hund etwas falsch macht. Du legst deine Aufmerksamkeit also komplett auf das mögliche Fehlverhalten deines Hundes. Und wenn du deine Aufmerksamkeit bewusst auf das Schlechte lenkst, das dein Hund tun könnte, verändert das etwas in dir. Du siehst auf einmal bewusst das Schlechte in deinem Hund und das verändert die Beziehung und die Einstellung zu deinem Familienmitglied, weil deine Erwartungshaltung eine negative ist. Du reagierst gestresster und heftiger auf das, was dein Hund tut. Es raubt dir Energie und dein Hund wird innerlich vom Familienmitglied zum Gegner, den es zu bezwingen gilt. Das ist der Grund, warum ich und mittlerweile viele andere Hundetrainer/innen in der Hundeerziehung komplett auf Angst- oder Schmerzreize verzichten. Und die gute Nachricht: Es geht völlig ohne!

Anspringen kann nervig sein.

DAMIT DAS TRAINING KLAPPT

WAS IST LOS MIT DEM HUND?

Verhaltensauffälligkeiten haben Gründe.

Es ist nicht immer Ungehorsam!

Wir Menschen machen es uns oft einfach. Wenn der Hund nicht das tut, was wir von ihm wollen, halten wir ihn oft für ungehorsam, stur, renitent.

Wenn wir so ein Bild vom Hund im Kopf haben, dann sind wir sehr schnell bereit, mit Schreck- oder Schmerzreizen zu arbeiten, weil wir denken, dass der Hund diese Art Behandlung verdient hat.
Was aber, wenn das blöde Verhalten, das dein Hund zeigt, gar kein Ungehorsam ist? Was wäre, wenn dein Hund so reagiert wie er reagiert, weil er sich körperlich oder psychisch unwohl fühlt?
„Dem tut nichts weh! Der humpelt doch gar nicht", höre ich gerne mal, wenn ich anmerke, dass das Verhalten eines Hundes auch eine körperliche Ursache haben könnte.
Ich habe Neuigkeiten: Auch wenn dein Hund nicht humpelt, kann es sein, dass er Schmerzen oder Unwohlsein fühlt!
In meiner Praxis erlebe ich es in ganz grob geschätzt 70 – 80 % aller Fälle, dass körperliche Probleme unerwünschtes Verhalten mitverursachen. Das ist doch auch kein Wunder. Hast du manchmal Heuschnupfen oder vielleicht Rückenschmerzen, wie so viele andere Menschen auch? Dann weißt du, wie man sich an solchen Tagen fühlt: Erschöpft, abgeschlagen,

Unerwünschtes Verhalten kann körperliche Ursachen haben.

gereizt. Sprich: Dein Verhalten ändert sich im Vergleich zu den Tagen, an denen es dir richtig gut geht. Und so ist das auch bei deinem Hund.
Wenn dein Hund zum Beispiel ständig an der Leine zieht, könnte es sein, dass er versucht, Juckreiz oder innere Unruhe, verursacht zum Beispiel durch Allergien, zu kompensieren.

DINGE, WEGEN DENEN SICH DEIN HUND UNWOHL FÜHLEN KÖNNTE

... und dennoch nicht unbedingt humpelt:

- Bauchschmerzen
- Kopfschmerzen
- Gliederschmerzen
- Nahrungsmittelunverträglichenkeiten/ -allergien
- Erschöpfung
- Zu wenig Entspannung
- Blasenentzündung
- Schilddrüsenprobleme
- Allergien auf Hausstaub, Gräser, Futtermilben

Und ich bin sicher, dass dir noch eine Menge anderer Symptome einfallen.

Wenn dein Hund auf die Annäherung anderer Hunde aggressiv reagiert, könnte es sein, dass er die Erfahrung gemacht hat, dass es ihm wehtut, wenn ihn jemand anrempelt.
Wenn dein Hund zu Hause in die Wohnung macht, könnte es sein, dass er eine Blasenentzündung hat.
Wenn dein Hund auf dem Sofa liegt und nach dir schnappt, wenn du ihn streicheln möchtest, kann es sein, dass er Kopfschmerzen hat und deswegen überreagiert.
Wenn du also merkst, dass sich dein Hund nicht so souverän verhält, wie du das eigentlich möchtest, sollte dein erster Schritt die Überlegung sein, ob vielleicht physisch oder psychisch etwas vorliegen könnte, was blödes Verhalten hervorrufen oder verstärken kann. Wenn das so ist, hat es wenig Sinn zu versuchen, an dem Verhalten herumzulaborieren. Solange die körperliche Ursache nicht beseitigt oder zumindest gemildert ist, wirst du durch Training nur wenig verändern können.
Lass deinen Hund also durchchecken. Das solltest du sowieso von Zeit zu Zeit mal tun, um rechtzeitig zu erkennen und gegensteuern zu können, falls sich Krankheiten einschleichen wollen. Lieber ein Mal zuviel als ein Mal zuwenig.

Genervte Hunde drehen schneller durch.

PSYCHISCHE BELASTUNGEN

Und wenn du schon mal dabei bist, dann überlege doch gleich mal, ob es vielleicht psychische Belastungen gibt, die dafür sorgen könnten, dass sich dein Hund fühlt wie bestellt und nicht abgeholt.

Nach einem langen Arbeitstag, der zur Hälfte aus der Arbeit mit sehr verhaltensauffälligen Hunden und zur Hälfte aus Gesprächen mit Tierheim-Mitarbeitern und deren täglicher, heftiger Arbeit besteht, bin ich einfach kaputt. Dann möchte ich ein Bad nehmen, ein Glas Tee genießen, noch etwas mit meinem Mann quatschen und dann ins Bett fallen. Wenn dann aber das Badewasser nicht die perfekte Wohlfühltemperatur hat, dann ist der Tag gelaufen und es braucht mich niemand mehr anzuquatschen, ohne in Gefahr zu geraten, Armageddon auszulösen. Kennste solche Tage, oder? Das können wir auch unseren Hunden zugestehen. Vielleicht ist dein Hund heute zwei Mal vom Nachbarshund zusammengestaucht worden. Vielleicht haben deine Kinder sehr lange mit Fiffi gespielt. Vielleicht wart ihr danach noch in der Hundeschule und weil er sich nicht richtig konzentrieren konnte oder abgelenkt war, hast du mal kräftig an der Leine geruckt. Könnte es nicht sein, dass dein Hund abends auch so richtig den Kaffee auf hat und einfach nur noch seine Ruhe will? Und kannst du dir vielleicht vorstellen, was passiert, wenn er diese Ruhe nicht bekommt? Yup, genau dasselbe wie bei dir: Der Pegel steigt, bis ihm das Genervtsein aus den Ohren rausquillt, er unleidig, hektisch, aggro wird.

Wie viel schläft dein Hund?

GENÜGEND SCHLAF?

Es könnte auch schlicht sein, dass dein Hund nicht genug geschlafen hat. Erwachsene Hunde sollten bis zu 20 Stunden am Tag ruhen (Welpen sogar noch mehr). Damit ist nicht Tiefschlaf gemeint, sondern tatsächlich Ruhe. Zähl mal nach, wann Fiffi das letzte Mal so richtig die Chance hatte, alle Viere von sich zu strecken. Wenn ich in einer Hundestunde mal andeute, wie viel Ruhe ein Hund wirklich braucht, sehe ich oft nur völlig entsetzte Gesichter. „Aber mein Hund muss so viel beschäftigt werden, das ist nämlich ein Arbeitshund" oder „Mein Hund will aber unbedingt dabei sein. Der legt sich nicht hin und schläft", bekomme ich dann oft zu hören.Hast du Kinder? Oder kennst du jemanden, der Kinder hat? Frag ihn oder sie mal, wie das ist, wenn Kinder müde werden.

Es gibt da so einen Spruch unter gestandenen Eltern: „Nach müde kommt blöd." Will sagen: Ein Hund kann genauso wenig wie ein Kind immer sofort spüren, wenn er Ruhe braucht, oder selbst durchsetzen, dass er sie bekommt, wenn er sie braucht. Bekommt er diese Ruhe nicht, wird er ungenießbar, genau wie übermüdete Kinder sehr quengelig werden können, weil ihnen schlicht der Schlaf fehlt.

Ein Beispiel

Eine Dame mit einem 1,5-jährigen Spitzmix kam zu mir, weil ihr Hund auf dem Spaziergang Passanten gebissen hat. Auffällig war, dass dieses Verhalten nachmittags besonders schlimm war. Das Rätsel löste sich, nachdem wir gemeinsam den Tagesablauf durchgegangen sind. Morgens ist der junge Hund immer etwa drei bis vier Stunden alleine, während Frauchen arbeiten geht. Normalerweise können Hunde diese Zeit gut nutzen, um zu entspannen, zu schlafen. Das setzt aber voraus, dass der Hund gut alleine bleiben kann. Frauchen dachte, es wäre alles tutti, weil der Bube nichts kaputt macht und nicht laut heult. Nachdem wir eine Kamera aufgestellt haben, zeigte sich, dass ihr Hund den ganzen Vormittag über nervös zwischen Wohnzimmer und Flur hin- und herlief. Frauchen hatte sich schon mal über feuchte Fußtapsen gewundert, sich aber nichts dabei gedacht. Die feuchten Fußtapsen kamen vom Stress-Schweiß des Hundes. Der nutzte den Vormittag nicht, um Kraft zu tanken, sondern er verballerte seine gesamte Kraft, indem er panisch herumlief und wartete, dass sein Frauchen wieder nach Hause kam. Natürlich hatte er danach beim Spaziergang keine Nerven mehr für fremde Menschen. Erst nachdem wir den Trennungsstress dieses Hundes besser im Griff hatten, war bei ihm auch Raum für Menschentraining. Er war dann viel gelassener und konnte viel mehr Menschennähe ertragen.

MERKE

Bitte merke dir: Wenn ein Hund in einer Situation Angst hat oder sich merklich unwohl fühlt, findet keine Gewöhnung statt! Im Gegenteil!

Unschöne Situationen führen nicht zu Gewöhnung.

DIE SACHE MIT DER GEWÖHNUNG

Ein großer Denkfehler, der in den Köpfen immer noch herumspukt, ist der, dass der Hund, wenn er nur jung genug in sein neues Zuhause kommt, sich schon irgendwie an alles gewöhnt. An Kindergeschrei, an Hände, die ihn einfach irgendwo anfassen, an Straßenlärm, ans U-Bahn-Fahren, ans Autofahren, an viele fremde Hunde, die ihn anrempeln, bedrängen und so weiter und so fort. So nach dem Motto: Viel hilft viel. Je mehr der Hund erlebt, umso mehr wird er sich wohl daran gewöhnen. Wenn du deinen Hund immer wieder Reizen aussetzt, die er nicht so prickelnd findet, dann denkt sich sein Gehirn: „Am Arsch, von wegen Gewöhnung!" Das Gehirn ist darauf gepolt, bedrohliche Reize möglichst schnell zu erkennen und zu vermeiden. Das macht Sinn, denn wenn du bedroht wirst, musst du schnell reagieren können. Wenn du deinen Hund jetzt immer wieder in Situationen führst, in denen er sich unwohl fühlt oder sogar Angst hat, wird er immer eher versuchen, sich diesen Situationen zu entziehen, weil sein Gehirn „Alarm!!" funkt. Dein Hund reagiert also auf Dauer immer heftiger und schneller. Das nennt man „Sensibilisierung" und das ist das Gegenteil von „Gewöhnung".

Diesen Fehler habe ich in meiner Anfangszeit gemacht. Meine Entlebucherhündin Vegas hatte kleinere Probleme mit fremden Menschen. Sie war etwas zurückhaltend, aber nicht schlimm. Dennoch wollte ich etwas dagegen tun. Also bin ich mit ihr regelmäßig ins Einkaufszentrum gefahren. Sie fand das Einkaufszentrum aber supergruselig. So schlimm, dass sie dort sogar einen dicken Haufen in den Eingangsbereich gesetzt hat, weil sie so aufgeregt war und nicht mehr einhalten konnte. Ich dachte mir: „Das machst du jetzt umso öfter, damit sie sich daran gewöhnt!" und bin mindestens drei Mal in der Woche ins Einkaufszentrum gefahren und habe sie dort durchgeschleppt. Aber Angst zieht Kreise! Zunächst war das Einkaufszentrum gruselig. Es dauerte nur zwei Wochen, dann wollte mein Hund auf einmal nicht mehr ins Auto einsteigen. Ich habe das zuerst nicht verstanden, aber dann wurde mir klar: Das Einsteigen ins Auto bedeutete für sie, dass wir vielleicht in das gruselige Einkaufszentrum fahren. Also hat sie sich strikt geweigert, sich auch nur in die Nähe des Autos zu begeben.

Dass sich ihre Zurückhaltung gegenüber fremden Menschen unter diesen Umständen nicht geändert hatte, versteht sich wohl von selbst, oder? Ich habe die Notbremse gezogen, das Einkaufszentrum gestrichen und habe meinen Hund erst einmal wieder zur Ruhe kommen lassen. Und dann habe ich unser Training ganz neu aufgebaut und sie selbst das Tempo bestimmen lassen, in dem sie auf fremde Menschen zugeht. Und das war dann tatsächlich gar kein Problem. Sei also bitte vorsichtig, wenn du der Meinung bist, deinen Hund an etwas gewöhnen zu müssen. Gewöhnung findet nur statt, wenn dein Hund sich in dieser Situation auch wohlfühlt. Also überleg mal, ob du deinem Hund jetzt gerade unnötigen Stress aufbürdest, weil du denkst, du müsstest ihn an etwas gewöhnen, indem du ihn immer wieder in die für ihn gruselige Situation hineinführst. Wenn ja, lass es einfach erstmal bleiben und baue dir aus dem, was du im Praxisabschnitt lernst, einen anständigen Trainingsplan.

Gewöhnung funktioniert nur, wenn dein Hund sich wohlfühlt.

Wenn „Gewöhnung“ so richtig schiefgeht

Zu unserem Junghundekurs kam eine Teilnehmerin mit Bruno, einem sechs Monate alten, schwarzen Mischlingsrüden. Zur Familie gehörten auch noch der Ehemann und vier Kinder im Alter von zwei bis zwölf Jahren. Direkt in der ersten Stunde erzählte die Teilnehmerin, dass der Hund seit einigen Tagen die Kinder anknurrt und dass sie das sofort unterbunden hätte! Auf mein Nachfragen hin erzählte sie, dass der Hund daheim kaum eine ruhige Minute hatte. Eins der Kinder war eigentlich immer daheim, mit oder ohne Freunde. Der Hund wurde sogar zum Spielen unter der Eckbank, unter der er schlief, hervorgezogen. Die Mutter hat das ausdrücklich befürwortet, damit sich der Hund an den Kindertrubel „gewöhnt“. Also hat der arme Bube irgendwann angefangen, die Kinder anzuknurren, wenn sie ihm zu nahe kamen. Was sollte er auch sonst tun? Für das Knurren ist er von seinem Frauchen bestraft worden und die Kinder durften weiter an ihm herumzerren. Gegen Ende der Gruppenstunde habe ich dann mit Brunos Frauchen ein sehr ernstes Gespräch geführt und sie darauf hingewiesen, dass sich ihr Hund auf diese Weise nicht an den Kindertrubel „gewöhnt“, sondern im Gegenteil, auf die Kinder immer empfindlicher reagieren wird. Leider waren meine Worte vergeblich. Zwei Wochen später hat Bruno nach einem Nachbarskind geschnappt und prompt musste er weg. Er hat dann glücklicherweise einen sehr, sehr guten Platz bei einem sehr lieben Menschen bekommen.

Manchmal hat dein Hund zu viel Stress.

ÜBERFORDERUNG

Es könnte aber auch sein, dass sich dein Hund unschön verhält, weil er schlicht vom Leben überfordert ist. Das betrifft häufig Hunde von Rassen, die unter „die müssen unbedingt gut ausgelastet werden" laufen. Oder Hunde, die unruhig, hektisch wirken. Da könnte man ja schnell auf die Idee kommen, dass der Hund nur mal richtig gefordert werden müsste, damit er endlich mal Ruhe gibt. Schleppst du deinen Hund auch montags zum Agility, dienstags zum Mantrailing, mittwochs mit in den Kindergarten und am Wochenende mit auf die große Wanderrunde, zum Einkaufsbummel, aufs Volksfest, weil du ja gerne hättest, dass dein Hund „überall mit dabei ist"? Denk lieber nochmal nach. Die meisten Hunde werden eher zu viel beschäftigt als zu wenig. Das sorgt dann dafür, dass sie zu wenig Schlaf bekommen, das Erregungsniveau ständig unter der Decke klebt und sie einfach keine Ruhe mehr finden. Kommt dir das bekannt vor? Ja, das gibt es bei uns Menschen auch. Weißt du, wie du dich fühlst, wenn du überarbeitet bist und dann in deiner Freizeit auch noch einkaufen, Kinder versorgen und Geburtstagspartys besuchen sollst? So ähnlich kann es deinem Hund auch gehen.

Überbeschäftigung sorgt für Aufregung, weil das System deines Hundes nicht mehr zur Ruhe kommt. Und rate, zu was Aufregung führt …

Aufgeregte Hunde ziehen viel schneller an der Leine als Hunde, die total coole Socken sind.

Aufgeregte Hunde reagieren beim Spaziergang auf jedes Eichhörnchen, auf jedes fliegende Blatt, auf jede Hundesichtung.

Aufgeregte Hunde bellen viel.

Aufgeregte Hunde schnappen schneller in Ärmel, Finger, Klamotten, weil sie sich weniger beherrschen können.

Du merkst schon: Aufregung ist eine ziemlich sichere Bank für unschönes Verhalten. Und Überbeschäftigung sorgt für Aufregung!

Ein Indiz dafür, dass dein Hund überbeschäftigt ist, ist zum Beispiel, dass er nach einem längeren Spaziergang nicht zur Ruhe kommt, sondern noch durch die Wohnung oder den Garten rennt wie blöde, ständig seinen Ball heranschleppt, damit du noch mit ihm spielst, und dich anbellt, weil er einfach nicht mehr runterfährt. Spätestens, wenn du nach einem Spaziergang denkst: „Was soll ich denn noch machen, damit der Hund mal zur Ruhe kommt?", sollten bei dir die Alarmglocken läuten. Es könnte sein, dass du das nervige Verhalten deines Hundes selbst verursachst. Da hilft dir auch kein Gehorsamsprogramm oder gar ein Abstrafen der Hibbelei. Dein Hund kann gar nicht anders, weil er einfach zu hochgedreht ist.

DETOX-WOCHEN

Wenn du so einen Kandidaten hast, der kaum noch zur Ruhe kommt und bei dem du ständig das Gefühl hast, du müsstest noch ein Beschäftigungs-Schüppchen drauflegen, damit er endlich müde in sein Körbchen fällt, ist es Zeit für ein paar Detox-Wochen. In dieser Zeit gönnst du deinem Hund nach und nach immer mehr Ruhe, gleichst seine Hibbeligkeiten nicht durch Action, sondern durch ruhigere Beschäftigungen aus und schaust dann, was passiert.

Schreibe zunächst eine Woche lang alle Wach-Zeiten und Aktivitäten deines Hundes auf. Wie lange ist er wach? Was macht er, wenn er wach ist? Zu welchen Zeiten ist er besonders hibbelig? Welchen Grund könnte es dafür geben?

Nach einer Woche solltest du einen groben Überblick darüber haben, wann welche Aktivitäten und wann welche Ruhezeiten stattfinden. Und jetzt gehst du hin und entzerrst jede einzelne Aktivität und erweiterst jede einzelne Ruhezeit.

1

2

3

Der Morgen

Drehst du gleich nach dem Aufstehen schon die große Hunderunde? Triffst du dabei die Nachbarshunde zur gemeinsamen Spielrunde? Übst du beim Spaziergang die ganze Zeit über Rückruf, Bleib, Leinenführigkeit? Vielleicht ist das alles etwas viel. Du könntest zum Beispiel statt einer Morgenrunde einen Hin- und Rückweg gehen. Eine Spaziergeh-Runde hat für sehr aufgeregte Hunde den Nachteil, dass sie ständig neue Reize bietet. Wenn du einen Hin- und einen Rückweg wählst, dann kennt dein Hund auf dem Rückweg jeden Grashalm bereits „per Du" und muss sich nicht mehr über jeden unbekannten Pups aufregen. Probier's einfach mal aus.
Gehst du danach aus dem Haus und zur Arbeit? Hast du schon mal gefilmt, ob dein Hund in dieser Zeit tief und fest schläft oder ob er unter der Trennung von dir leidet? Stell mal eine Kamera auf, dann weißt du mehr. Wenn dein Hund sehr unruhig ist, wenn er alleine ist, solltest du daran etwas verändern. Du kannst zum Beispiel die Klingel abstellen, wenn der Postbote regelmäßig bei dir klingelt und dadurch deinen Hund aus seinem Vormittagsschläfchen reißt. Oder du kannst bei der Balkontür die Jalousien runterlassen, wenn die Nachbarskatze regelmäßig davorsitzt, um Fiffi zu ärgern. Oder du kannst ruhige Musik laufen lassen, wenn du merkst, dass dein Hund jedes Geräusch von außen laut kommentieren muss. Wenn dein Hund wirklich unter Trennungsstress leidet, solltest du auch das angehen.

1 Entspanntes Schnüffeln sorgt für entspannte Hunde.

2 Wähle deine Gassirunden sorgfältig aus.

3 Detox macht Platz im Kopf für wichtige Dinge.

Ihm könnte im Sommer zu warm sein.

Nach dem Spaziergang

Und wie sieht das mittags aus, wenn du wieder nach Hause kommst? Ist den Hund dann extrem aufgeregt (was eventuell auch ein Zeichen für Trennungsstress sein kann)? Wenn ihr dann sofort losrennt, um eine zweite, riesengroße Runde zu drehen, ist es vorprogrammiert, dass dein Hund draußen erstmal ausflippt. Vielleicht ist es dir möglich, ihn kurz in den Garten zum Pieseln zu schicken, dann vielleicht eine kleine Leckerchensuche oder eine Schmuserunde einzulegen und erst dann den Spaziergang in Angriff zu nehmen. So seid ihr beide viel entspannter. Und wenn wir schon mal beim Spaziergang sind: Kann es vielleicht sein, dass es deinem Hund draußen zu kalt oder zu nass ist? Schützt du ihn dann zum Beispiel mit einem Mantel? Gerade wenn Hunde frieren (und das kommt häufig vor, wenn sie mit uns im Haus leben und dann rausgehen), sind sie oft sehr verspannt und kommen nicht gut zur Ruhe. Im Sommer kann es umgekehrt sein: Vielleicht kann dein Hund nicht richtig schlafen, weil sein Fell ein einziger Wust ist, sich die Hitze darunter staut und er dauerhecheln muss, um sich irgendwie abzukühlen? Da kann es gut sein, dass er nachts nicht mehr richtig schläft und über Tag dann entsprechend mies drauf ist. In dem Fall könntest du ihm durch Scheren oder das Auskämmen der Unterwolle (je nach Fellbeschaffenheit, frage deinen Hundefriseur) mehr Lebensqualität und Entspannung verschaffen.Überhaupt kannst du mal deine Spaziergehzeiten checken. Jagst du Fiffi jeden Tag drei bis vier Stunden durch den Wald, damit er auch anständig ausgelastet ist? Dann schränke deine Spaziergänge doch probeweise mal auf einen längeren Spaziergang (45 – 60 Minuten für einen ausgewachsenen, gesunden Hund) ein und mach den Rest des Tages nur kleinere Pipirunden. So bleibt mehr Zeit für chilliges Abhängen.

Der Nachmittag

Und wie schaut dein Nachmittag aus? Kommen mittags deine Kinder von der Schule und möchten für ein paar Stunden deinen Hund bespaßen? Kommt er dann nachmittags überhaupt zur Ruhe und kann auch mal schlafen? Wird dein Hund nachmittags zwangsverstreichelt, mit wilden Rangel- oder Ballspielen hochgefahren und muss danach mit dir noch zum Agility/Obedience/Schutzdienst/…? Wenn ja, dann fahr die Nachmittagsbeschäftigung doch mal ein wenig runter. Gib Hund und Kind statt wilder Rangelspiele ein Leckerchen-Suchspiel an die Hand oder lass deine Kinder eine Kiste mit Zeitungspapier packen, in die sie ein paar Gutties streuen. Diese Kiste kann dein Hund dann auseinanderrupfen. Danach macht ihr eine Pause, in der deine Kinder dem Hund etwas vorlesen. Das beruhigt und entspannt. Einmal in der Woche ein Agility-Training macht den meisten Hunden nichts aus, aber wenn du das Gefühl hast, dass auch dieses eine Training deinen Hund komplett hohldrehen lässt, dann lass es eine Zeit lang bleiben und schau, was passiert. Ja, das erfordert den festen Entschluss, das Leben für dich und deinen Hund etwas ruhiger zu gestalten. Das ist nicht immer so einfach, denn die Hundestunden bieten nicht nur deinem Hund Training, sondern dir auch ein Zusammensein mit netten Menschen und gemeinsamen Hobbys. Aber es muss ja nicht für immer sein. Schraube eine Zeit lang alles zurück, was deinen Hund irre hochpuscht. Wenn er dann mal so richtig zur Ruhe gekommen ist, fängst du an, einzelne Aktivitäten wieder auszudehnen und zu beobachten, was das mit deinem Hund macht. Vielleicht macht ihm das Agility ja gar nichts mehr aus, wenn er den Rest der Zeit genügend Ruhepausen hat.

Der Abend

Und wie ist das am Abend? Kommt dein Hund zur Ruhe oder ist er total unruhig? Hat er überhaupt einen Ruheplatz, den er mag und gerne aufsucht? Also zum Beispiel ein Körbchen mit Rand und einer kuscheligen, weichen, dicken Einlage, in die dein Hund sich richtig reinkuscheln kann, wenn er so was mag. An einem ruhigen Platz in deiner Nähe, wo aber nicht alle zwei Minuten jemand vorbeilaufen muss. Schläft er über Nacht genug oder reagiert er auf kleinste Geräusche, weil er so hochgefahren ist? Kannst du über Nacht für mehr Ruhe sorgen, indem du zum Beispiel die Schlafzimmertür schließt, wenn er bei dir im Schlafzimmer schläft? Du kannst auch versuchen, ein Abendritual zu etablieren. Rituale helfen vielen Hunden, um runterzufahren, weil sie bei Ritualen immer genau erkennen können, was als Nächstes passiert. Das gibt Sicherheit und entspannt. Vielleicht gibt's vor dem Schlafengehen noch einen kleinen Minisnack zum Kauen, dann wird noch etwas gekuschelt und gestreichelt und dann geht's erst in die Heia.Wie du siehst, gibt es viele Stellschrauben, an denen man drehen kann, wenn der Hund sehr aufgeregt ist. Das heißt nicht, dass du dein Leben für deinen Hund umkrempeln musst. Manchmal ist es schon mit Kleinigkeiten getan. Einen kürzeren Hin- und Rückweg gehen, ein bequemeres Körbchen suchen, etwas mehr Ruhezeiten einhalten, ... Das sind Dinge, die normalerweise sehr schnell und problemlos umsetzbar sind. Das heißt nicht, dass dein Hund dann sofort sein unerwünschtes Verhalten abstellt. Es könnte aber sein, dass er ansprechbarer ist, wenn ihr aus dem Haus geht und er an der Leine ziehen möchte. Es könnte sein, dass er im Haus viel besser schläft und sich nicht mehr von jedem kleinsten Pieps gleich aus der Ruhe bringen lässt.
Es könnte sein, dass er auf deine Kinder gelassener reagiert, wenn er genügend Schlaf bekommt.
Es könnte sein, dass dein Hund auf den Action-Detox erst einmal mit Unruhe reagiert. Er ist es gewohnt, ständig auf Hochtouren zu laufen. Gib ihm in diesem Fall etwas Entspanntes zu tun, mit dem er sich beschäftigen kann. Gut geeignet sind da Kauartikel. Vor allem solche, die nicht so leicht zu zerlegen sind und für die dein Hund mindestens 20 – 30 Minuten braucht, um sie zu vernichten. Also so etwas wie getrocknete Rinderkopfhaut oder einen mit angefrorener

Gemeinsames Kuscheln als Abendritual.

Rituale bringen Ruhe.

Erdnussbutter gefüllten Kong, je nachdem, was dein Hund verträgt und mit welcher Art Kauartikel er gut zurechtkommt. Das Kauen beruhigt und oft können Hunde danach gut entspannen. So überbrückst du ein wenig die Zeit, bis der Detox greift. Das erkennst du daran, dass dein Hund sich häufiger einfach mal zum Ausruhen hinlegt, tiefer und länger schläft. Manche Hunde, die vorher sehr nervig waren, schlafen auf einmal ein paar Tage regelrecht Tag und Nacht, weil sie einiges nachzuholen haben. Andere schlafen etwas tiefer und sind beim Aufwachen besser gelaunt. Jedenfalls wirst du mit einem etwas entspannteren Hund wesentlich mehr Freude haben als mit einem Stressbolzen. Probier's aus und lass dich überraschen! Notiere dir jetzt auf deinem Zettel, welche Maßnahmen eventuell notwendig sind, um deinen Hund ein wenig runterzufahren. Braucht er einfach nur etwas mehr Ruhe? Oder braucht er einen Besuch beim Tierarzt? Was könnte helfen, wenn das Verhalten deines Hundes eventuell körperlich oder psychisch bedingt ist?

ZUR RUHE KOMMEN LASSEN

Entspannung zaubert das unerwünschte Verhalten deines Hundes nicht weg. Aber sie kann dazu führen, dass das blöde Verhalten seltener und weniger intensiv gezeigt wird. Außerdem reagiert ein entspannter Hund viel besser auf dich, weil er nicht ständig unruhig seine Umwelt abscannen muss und seine Aufmerksamkeit so langsam die Spanne eines entspannten Hundes und nicht mehr die Spanne einer Stubenfliege ausmacht.

Aber wie geht das?

Jetzt geht es darum, was du konkret tun kannst, damit dein Hund das Verhalten, das dir nicht gefällt, nicht noch einmal wiederholt. Und da kommt das sogenannte „Management" ins Spiel.

Nun haben wir lange darüber geschnackt, warum Angst- und Schreckreize zum Grenzensetzen eher ungeeignet sind, und darüber, dass dein Hund nicht einfach stur und renitent ist, wenn er nicht das macht, was du von ihm erwartest.

Management bedeutet, dass du durch vorbeugende Maßnahmen etwas unternimmst, damit dein Hund das unerwünschte Verhalten eine Zeit lang nicht mehr zeigt. Du veränderst die äußeren Umstände so, dass dein Hund keine Gelegenheit hat, das doofe Verhalten noch einmal zu zeigen.

Beispiele: Dein Hund bellt, wenn die Türklingel läutet. Also stellst du vorübergehend die Türklingel ab.

Dein Hund schreit andere Hunde an. Also gehst du eine Zeitlang dort spazieren, wo keine anderen Hunde sind.

Training ist darauf gerichtet, möglichst schnell eine möglichst nachhaltige und erwünschte Verhaltensänderung durchzuführen. Wenn dein Hund jagt, wäre es zum Beispiel sinnvoll, deinem Hund beizubringen, stehen zu bleiben, wenn er ein Reh siehst oder, falls er nicht stehen bleibt, zumindest sofort zurückzukommen, wenn du ihn rufst. Management hingegen bedeutet, dass dein Hund erst einmal angeleint bleibt, bis dein Training greift und er gefahrlos wieder ohne Leine laufen kann.

Jetzt kannst du natürlich sagen: „Dadurch löse ich das Problem doch nicht. Dadurch vermeide ich es nur!" Yup, das stimmt. Du vermeidest das Problem vorübergehend. Genau darum geht's beim Management.

Der Grund: Während du trainierst, sollte dein Hund keine Gelegenheit haben, das blöde Verhalten noch einmal zu zeigen. Jedes Mal, wenn er es trotzdem tut, wirft dich das im Training wieder einen Schritt zurück und du brauchst viel länger, bis dein Training greift. Und Training dauert halt seine Zeit, das geht nicht von heute auf morgen. Management ist wichtig!

Wenn du zwar das Alleinebleiben mit deinem Hund trainierst, er aber trotzdem jeden Tag stundenlang zu Hause

sitzt und deine Bude zerlegt, kommst du ziemlich sicher nie ans Ziel. Wenn dein Hund andere Hunde anbrüllt und du trotzdem noch so spazieren gehst, dass dein Hund immer wieder von anderen Hunden belästigt und überrannt wird, kannst du so viel und so lange trainieren, wie du möchtest, es wird sich nicht viel ändern, weil dein Hund keine Gelegenheit hat, neues Verhalten zu erlernen. Er lernt nur immer wieder: Andere Hunde sind scheiße! Und dementsprechend wird er immer weiterbrüllen. Sogar dann, wenn du ab und zu mal eine Trainingseinheit einlegst und versuchst, deinem Hund zu vermitteln, dass andere Hunde gar nicht so doof sind. Wenn dein Hund jagt und du ihn trotzdem immer wieder ohne Leine laufen lässt, wird er weiterjagen, denn er lernt: Wenn Frauchen ruft, brauche ich sowieso nicht zu kommen.
Setze dich doch jetzt gleich mal hin und schreibe auf, welche Management-Maßnahmen notwendig sind, damit dein Hund ab sofort keine Gelegenheit mehr hat, das unerwünschte Verhalten einzuüben.

MERKE

Management ist kein Training.

Türklingel stumm schalten.

MANAGEMENT UND FRUST

Wenn du deinen Hund, der bisher immer ohne Leine unterwegs war und daher Hasen aufgescheucht hat, auf einmal an die Leine nimmst, dann kann es sein, dass er das ziemlich doof findet.

Und du weißt ja schon, dass Frust unerwünschtes Verhalten fördern kann. Achte daher immer darauf, dass du den Frust beim Management möglichst klein hältst. Beschäftige deinen Hund, wenn du ihn an der Schleppleine führen musst und lass ihn möglichst oft in umzäunten Gebieten frei laufen. Gib ihm die Möglichkeit, an erlaubten Stellen zu buddeln. Wenn er nicht mehr auf das Sofa soll: Sorge gleichzeitig für einen irre gemütlichen Liegeplatz neben dem Sofa für deinen Hund. Mach das Management für euch beide zu einem Happening. So erleichterst du dir das Training und verhinderst unerwünschtes, frustbedingtes Verhalten.

Management
Ruckdämpfer

Einfaches Management: anleinen.

MERKE

Es gibt allerdings eine Sache, die du beim Management beachten solltest: Management kann Frust erzeugen!

MANAGEMENT-MASSNAHMEN

Dein Hund klaut Essen vom Tisch? Lass nichts mehr rumliegen.
Er buddelt sich auf der Mäuschenwiese bis ins Nirwana? Gehe mit ihm vorübergehend auf Asphalt spazieren.
Der Erzfeind kommt ums Eck und dein Hund will gerade tief Luft holen? Verschwinde eine Zeitlang mit ihm schnell um die Ecke, sodass er den Erzfeind nicht mehr sieht.
Dein Hund zieht an der Leine? Verwende vorübergehend dort, wo es möglich ist, eine so lange Leine, dass dein Hund keinen Grund hat, daran zu ziehen. Oder du verwendest wenigstens einen Ruckdämpfer, damit der Zug an der Leine vorübergehend für euch beide nicht mehr ganz so unangenehm ist.Dein Hund geht aufs Sofa, wenn du nicht daheim bist, und du möchtest das nicht? Lege jetzt im Moment Stühle auf das Sofa oder schließe die Wohnzimmertür, wenn du nicht da bist.
Dein Hund keift die Nachbarskatze, die Vögel und die Eichhörnchen an, die an der Balkontür vorbeilaufen? Klebe vorübergehend einen undurchsichtigen Sichtschutz, so hoch wie dein Hund groß ist, an deine Balkontür.
Dein Hund jagt? Lein ihn an!
Management ist nicht immer einfach. Du musst eventuell vorübergehend deinen Tagesablauf verändern, deine Spaziergehrouten wechseln, einen Hundesitter suchen. Ich verstehe Leute, die lieber zu Angst- und Schmerzreizen greifen, weil sie denken, dass sich das Problem so einfacher lösen ließe, ohne dass man vorübergehend Maßnahmen ergreifen muss, die einen einschränken. Aber du hast ja schon gelernt, dass Angst- und Schmerzreize keine so pralle Idee sind, weil sie das Problem, das du mit deinem Hund hast, oft verschlimmern statt verbessern. Wenn es dir schon schwerfällt, an deinen Gewohnheiten etwas zu verändern, obwohl du weißt, dass es notwendig wäre ... was meinst du, wie schwer das deinem Hund fällt, der gar nicht weiß, warum er etwas ändern sollte?

Dein Hund klaut? Lass nichts rumliegen.

> **WICHTIG**
> Je besser du Management betreibst, umso schneller und effektiver greift dein Training. Und umso schneller kannst du wieder zur Tagesordnung übergehen.

MANAGEMENT KANN TRAINING ERSETZEN

Es gibt sogar Situationen, in denen Management dein Training schlicht ersetzen kann.
Zum Beispiel dann, wenn es um unerwünschtes Verhalten geht, das nicht so oft vorkommt.
Beispiel: Du hast Handwerker im Haus und dein Hund bellt die Handwerker an. Du bringst ihn in einen Nebenraum, lässt dort ruhige Musik laufen, damit er die Handwerker nicht mehr so intensiv hört und beschäftigst ihn mit einem Kauknochen. Das machst du alle paar Monate/Jahre, wenn du mal Handwerker zu Besuch hast. Du könntest das natürlich auch trainieren. Die Frage ist: Willst du das tatsächlich oder sind dir andere Dinge im Moment wichtiger? Wenn du das willst: Super! Dann trainierst du! Den Hund ins Nebenzimmer bringen und dort beschäftigen musst du dann sowieso, bis du geübt hast, dass dein Hund die Handwerker nicht mehr anbellt.
Aber wenn du ihn sowieso ins Nebenzimmer bringst, kannst du das doch eigentlich immer tun: Problem gelöst. Man muss ja nicht alles trainieren, wenn der Nervfaktor gering und die Lösung einfach ist. Da kannst du dich also entspannt zurücklegen. Und das ist völlig legitim!
Du musst nicht alles trainieren, nur weil du es theoretisch trainieren könntest. Trainiere das, was dir wichtig ist. Nicht nur deswegen, weil andere es von dir erwarten oder weil du den „perfekten“ Hund haben möchtest, der in jeder Situation absolut wider-

spruchslos zu 100 % folgt. Das sind ganz oft Vorstellungen, mit denen du dich selbst wahnsinnig unter Druck setzt und dann unfassbar darunter leidest, dass dein Viszla mit drei Jahren immer noch Kaninchen jagt und der Pudel der Nachbarin nicht. Du könntest genauso gut deinen Hund gelassen an langer Schleppleine mit Ruckdämpfer und Brustgeschirr führen und dann viel entspannter spazieren gehen. Du entscheidest, was du trainieren musst/möchtest und was nicht. Wichtig ist natürlich, dass dein Hund niemanden und auch sich selbst nicht gefährdet. Dafür ist Management da.

Mache eine Prioritätenliste: Was ist dir wirklich wichtig? Was musst du tatsächlich dringend üben? Und was ist eher nette Spielerei oder wird von dir nur trainiert, weil die Nachbarin gesagt hat, dass es so wichtig ist? Da, wo du deine Prioritäten setzt, da setzt du mit deinem Training ein (und brauchst dabei natürlich auch erst einmal Management, damit Training überhaupt möglich ist). Bei allem anderen kann Management das Training erst einmal ersetzen und dir und deinem Hund so etwas Raum und Ruhe verschaffen, die ihr für das Training der wirklich wichtigen Dinge braucht.

Management kann das Leben sehr erleichtern.

GUT UMGESETZT: DAS TRAINING

Mit Belohnungen unterbrechen

So, du hast also deinen Hund mal durchchecken lassen, hast euren Tagesablauf so verändert, dass Fiffi mehr Ruhephasen hat und du hast Möglichkeiten gefunden, das unerwünschte Verhalten durch das Verändern der äußeren Umstände erst einmal nicht mehr auftreten zu lassen.

Perfekt! Dann kannst du mit dem Training loslegen! Wenn sich eine Situation ergibt, in der dein Hund etwas Blödes machen könnte, dann gibt es vor dem Blöden immer diesen mehr oder weniger kurzen Moment, in dem er (noch) nichts Blödes macht.

Beispiele:
Bevor dein Hund den Hasen hetzt, gibt es diesen kurzen Moment, in dem er den Hasen nur sieht und ihn noch nicht hetzt.
Bevor dein Hund dich anspringt, gibt es diesen kurzen Moment, in dem noch alle vier Pfoten am Boden sind.
Bevor dein Hund einen fremden Menschen oder anderen Hund anbellt, gibt es diesen kurzen Moment, in dem dein Hund den anderen Hund oder den Menschen nur wahrgenommen hat.
Die eleganteste, sicherste und schnellste Art, Grenzen zu setzen, ist die, diesen kurzen Moment einzufangen, deinen Hund passend dafür zu belohnen, dass er (noch) keinen Mist gebaut hat, und aus diesem kurzen Moment guten Verhaltens eine lange andauernde Gewohnheit (ein sogenanntes „Alternativverhalten“) werden zu lassen.
Einfach gesagt: Du übst mit deinem Hund „Dinge angucken, aber nicht anfassen“.

Das geht am schnellsten und effektivsten, indem du deinen Hund
1. zunächst mit einer Belohnung rechtzeitig in seinem Verhalten unterbrichst und
2. ihm danach ein alternatives Verhalten beibringst.

WICHTIG

Bevor dein Hund etwas Doofes macht, macht er immer etwas, was nicht doof ist!

Vier Pfoten sind noch am Boden.

MIT EINER BELOHNUNG RECHTZEITIG UNTERBRECHEN

Das bedeutet, du belohnst deinen Hund sofort und sehr gut, sobald er etwas wahrnimmt, was ihn normalerweise zu blödem Verhalten triggern würde.
Hast du jetzt ein Fragezeichen im Gesicht? Ja, kann ich mir vorstellen, denn das geht gegen alles, was du bisher über unerwünschtes Verhalten gelernt hast. Im Kopf spukt ja immer noch herum: Wenn er sich blöd benimmt, muss ich ihm deutlich zeigen, dass ich sein Verhalten kacke finde, und dann ziehe ich ihm eins über, damit er lernt, dass er das nicht darf. Dass das nicht immer erfolgreich ist, hast du sicher selbst schon gemerkt. Jetzt zäumen wir das Pferd aber mal vom anderen Ende her auf. Was wäre denn, wenn du deinen Hund jedes Mal belohnst, wenn er etwas wahrnimmt, was ihn normalerweise zu blödem Verhalten triggern würde? Und zwar rechtzeitig, bevor er das doofe Verhalten zeigt.

Ein Beispiel

Du belohnst deinen Hund, wenn er einen Hasen sieht, aber noch nicht losrennt, und sei es nur für den Bruchteil einer Sekunde. Du könntest Futter werfen, ein Zerrspiel mit einem Ball machen, ein Rennspiel veranstalten. Alles, was deinem Hund in diesem Moment Spaß macht, ist als Belohnung geeignet.
Du belohnst deinen Hund, wenn er auf dich zuläuft, aber noch nicht an dir hochgesprungen ist.
Du belohnst deinen Hund, bevor er an der Leine zieht. Stell dir vor, du machst das ab sofort für vier Wochen konsequent. Jedes Mal! Jedes einzelne Mal! Immer!
Was wird dann passieren? Dein Hund wird eine Belohnungserwartungshaltung entwickeln. Das bedeutet: Er wird eine Belohnung erwarten, wenn er einen Hasen sieht. Er wird eine Belohnung erwarten, wenn er auf dich zuläuft und dich eigentlich anspringen möchte. Er wird eine Belohnung erwarten, wenn die Leine locker ist. Und diese Belohnungserwartungshaltung hat drei ganz entscheidende Vorteile!

1. Du verhinderst das unerwünschte Verhalten

Wenn dein Hund belohnt wird, hat er keine Zeit, um den Hasen zu hetzen oder an dir hochzuspringen oder den Nachbarshund anzukeifen. Jedes Mal, wenn du deinen Hund in dem kurzen Moment zwischen „Oh, jetzt gleich macht er was Dummes" und „Oh, noch hat er aber nichts Dummes gemacht" belohnst, dann brichst du mit deiner Belohnung das unerwünschte Verhalten rechtzeitig ab.
Das bedeutet: Wenn du im richtigen Moment belohnst, unterbrichst du durch deine Belohnung automatisch den weiteren Verlauf und damit das Verhalten, das du eigentlich nicht haben möchtest. Du tust also genau

Belohne, bevor dein Hund an der Leine zieht!

das, was du normalerweise über Schreck- oder Schmerzreize tun würdest, nur dass du deinen Hund nicht durch Schreck oder Schmerz, sondern durch etwas Angenehmes in seinem Tun unterbrichst. Du hast also dasselbe Ergebnis, aber ohne die Nebenwirkungen von Schreck oder Schmerz. Besser noch: Wenn du es richtig machst, ist es nicht nur so, dass dein Hund das unerwünschte Verhalten gar nicht erst zeigt, sondern er wendet sich sogar mit einem Grinsen zu dir um, statt zu versuchen, dir auszuweichen oder dir zu entkommen.

Jetzt magst du vielleicht denken „Aber es muss doch wissen, dass er das nicht darf!!“. Echt? Wo steht das? Reicht es nicht aus, dass dein Hund nach deinem Training das unerwünschte Verhalten viel seltener oder gar nicht mehr zeigt? Das ist doch genau das, was du möchtest, oder? Es kann dir doch egal sein, ob dein Hund ein Verhalten unterlässt, weil er weiß, dass es dann Ärger gibt, oder ob er das Verhalten unterlässt, weil er weiß, dass er für gutes Verhalten eine Belohnung bekommt. Dem Hund ist es aber nicht egal …

2. Du verstärkst durch deine Belohnung gutes Verhalten!

Jedes Mal, wenn dein Hund eine Belohnung erhält und diese Belohnung für ihn auch belohnend ist, dann lernt dein Hund, welches Verhalten sich für ihn lohnt, und er wird sich bemühen, dieses Verhalten noch einmal zu zeigen, um eine weitere Belohnung zu erhalten.

Wenn du Fiffi also belohnst, solange er den Hasen nur anschaut, dann verstärkst du das Hasen-Anschauen (was viel besser ist als hinterherzurennen). Wenn du Fiffi belohnst, bevor sich die Leine spannt, verstärkst du die lockere Leine und damit genau das, was du haben möchtest.

Wenn du Fiffi belohnst, wenn er einen anderen Hund sieht, aber noch nicht anpöbelt, dann verstärkst du das ruhige Anschauen des anderen Hundes, was ein sehr schönes Einstiegsverhalten zum Ruhig-am-anderen-Hund-Vorbeilaufen ist.

Du belohnst deinen Hund also jedes Mal für erwünschtes Verhalten und damit verstärkt du das Verhalten, das

Vorteil:
Dein Hund orientiert sich zu dir.

ACH ÜBRIGENS

Eine Belohnung ist nicht einfach nur ein „Muss". Eine Belohnung macht Spaß! Du verbringst dabei eine tolle Zeit mit einem Hund. Genieße es einfach, deinen Hund belohnen zu dürfen. Das ist Qualitätszeit, und wenn ihr euch beide gut dabei fühlt und übers ganze Gesicht grinst, schweißt euch das richtig eng zusammen. Wenn du deinen Hund bestrafst, wird er eher darauf aus sein, Abstand zu dir zu halten. Wenn du ihn belohnst, wird er sehr darauf aus sein, deine Nähe zu suchen. Das ist ein großer Bonus in der Hundeerziehung.

du haben möchtest. Verhalten, das verstärkt wird, wird länger, häufiger und intensiver gezeigt und dann ist viel weniger Raum für blödes Verhalten. Wenn du deinen Hund also belohnst, wenn er einen Hasen nur anschaut und dabei stehen bleibt, dann verstärkst du das Anschauen und Stehenbleiben und dein Hund wird den Hasen länger, häufiger und intensiver anschauen und dabei stehen bleiben. Das bedeutet, dass dein Hund weniger und im besten Fall gar nicht mehr hetzt.

3. Dein Hund orientiert sich zu dir

Wenn du derjenige bist, der in einem bestimmten Moment eine tolle Belohnung springen lässt, dann wird sich dein Hund in dem Moment, in dem er die Belohnung erwartet, zu dir orientieren und auf die Belohnung warten. Zack, schon hast du statt einer Hasenhetze ein „Hey Frauchen, ich hab nen Hasen gesehen. Krieg ich was dafür?" Und zwar ganz ohne ein Extra-Signal von dir! Einfach nur deswegen, weil der Hase aufgetaucht ist! Und wenn du das schaffst, dann ist es im nächsten Schritt auf viel einfacher, deinem Hund ein alternatives Verhalten beizubringen. Wenn du deinen Hund rufen möchtest, während er einen Hasen hetzt, ist das nicht ganz einfach. Wenn du deinen Hund rufst, während er den Hasen noch anschaut und wegen deiner bisherigen Belohnungen schon mit einem Teil seiner Aufmerksamkeit bei dir ist, dann ist die Wahrscheinlichkeit viel höher, dass er reagiert.

Du siehst, es lohnt sich, deinen Hund für gutes Verhalten zu belohnen, bevor er doofes Verhalten zeigt.

Der nächste Schritt in deinem Training ist also: Schreibe auf, was dein Hund Gutes tut, bevor er Blödsinn macht! Dieses Bild solltest du im Kopf haben, damit du genau weißt, was du belohnen musst.

Jetzt sagst du sicher: „Bei meinem Hund geht das nicht. Der lässt sich durch ein paar Leckerchen nicht von dem abbringen, was er will." Äh ja, stimmt, ein wenig Know-how braucht es natürlich und du musst die richtigen Voraussetzungen dafür schaffen, dass dein Hund umlernen kann.

Voraussetzung 1: Erwische deinen Hund, solange er noch ansprechbar ist.

Wenn dein Hund dem Hasen bereits hinterherrennt, kannst du vermutlich mit einer Leberwurst in jeder Hand winken und dein Hund wird trotzdem weiterrennen. Das Hirn ist dann schon so im Jagdmodus, dass kein Raum mehr ist für dich und deine Wurst. Natürlich funktioniert deine Belohnung dann nicht mehr. Du hast viel zu spät reagiert.

Erfahrungsgemäß bringen die Leute ihre Hunde immer wieder in Situationen, mit denen die Hunde nie umzugehen gelernt haben, und wundern sich dann, dass die Hunde mit den Situationen nicht umgehen können. Das gilt nicht nur für unerwünschtes Jagdverhalten. Wenn dein Hund andere Hunde anpöbelt, dann warte nicht, bis dein Hund schon auf 180 ist, gröhlend und geifernd in der Leine hängt und absolut nicht mehr ansprechbar ist. Wenn dein Hund in aufregender Umgebung an der Leine zieht, dann ist er viel zu sehr mit der aufregenden Umgebung beschäftigt und kann sich (noch) nicht auf die lockere Leine konzentrieren.

Das bedeutet, dass du eben nicht mitten ins Wildgebiet gehst und wartest, bis dein Hund durch die Gerüche schon im siebten Jagdhimmel ist, um dann den vergeblichen Versuch zu unternehmen, ihn beim Auftauchen des Hasen durch deine Leberwurst in große Ekstase zu versetzen. Dann klappt das natürlich nicht.

Überlasse also nichts dem Zufall! Gestalte Situationen so, dass du tatsächlich üben kannst. Nur so lernt ihr beide, für die richtig heftigen Situationen gewappnet zu sein.

Beginne dein Training also auf jeden Fall in einer Umgebung, in der dein Hund noch ansprechbar ist. Konfrontiere ihn zunächst mit Reizen, bei denen er noch die Contenance bewahren kann, und baue so eine solide Basis! Und erst, wenn die Basis sitzt, übst du unter schwierigeren Bedingungen. Tust du das nicht, sieht dein Training so aus:

1. Versuch: Fehlgeschlagen
2. Versuch: Fehlgeschlagen
…
18. Versuch: Fehlgeschlagen

Hund immer noch im Jagdfieber, Frauchen und Herrchen sauer.

Wenn du aber zunächst eine solide Basis legst und dann unter langsam steigender Ablenkung übst, sieht dein Training so aus:

1. Versuch: Geschafft!
2. Versuch: Geschafft!
3. Versuch: Geschafft!
4. Versuch: Wir machen es etwas schwieriger … geschafft!!
5. Versuch: Wir machen es noch etwas schwieriger … fehlgeschlagen!
6. Versuch: Wir machen es wieder ein wenig leichter … geschafft!
7. Versuch: Wir machen es wieder schwieriger … geschafft!
…
18. Versuch: Das war schon ziemlich schwierig … trotzdem geschafft!

Rate, was erfolgreicher ist.

MERKE

Du übst für den Notfall, nicht im Notfall!

Dein Hund muss ansprechbar sein.

Die Ablenkungsliste

Damit du dafür einen anständigen Fahrplan hast und dich nicht verzettelst, schreibst du eine Ablenkungsliste. Nimm dir einen weiteren Zettel und einen Stift. Am besten trägst du Zettel und Stift ebenfalls in den nächsten zwei Tagen ständig bei dir. Und immer, wenn du etwas bemerkst oder dir etwas einfällt, was deinen Hund ablenkt und was so ähnlich ist wie das, was bei deinem Hund blödes Benehmen auslöst, schreibst du es auf. Beispiel: Dein Hund jagt für sein Leben gern Katzen! Überleg mal, was deinen Hund dazu bringt, die Katzen zu jagen. Ist es der Duft? Die Bewegung? Viele Hunde reagieren sehr stark auf Bewegungsreize. Wie du ja schon weißt, macht es wenig Sinn, mit deinem Hund zu üben, wenn die Nachbarskatze unmittelbar vor Fiffis Nase Samba tanzt und ihm schon der Geifer aus dem Maul läuft. Also schreibst du auf, welche Bewegungsreize deinen Hund ablenken. Und zwar nicht nur die großen Ablenkungen, bei denen dein Hund schon nicht mehr ansprechbar ist. Schreibe auch die kleinen Ablenkungen auf, die dein Hund zwar wahrnimmt, aber bei denen er noch nicht total hohldreht. Auf deiner Liste könnte also zum Beispiel stehen:
Fiffi jagt Katzen. Er reagiert am stärksten, wenn die Katze sich bewegt. Er reagiert auch darauf, wenn Kinder mit Bällen spielen, Jogger an uns vorbeilaufen oder ein Vogel über uns hinwegfliegt. Der Reiz, der dabei am besten kontrollierbar ist, ist der Ball. Also beginnen wir mit dem Ball.

Wertvolles Hilfsmittel: die Ablenkungsliste.

Erste Übungsstufe

Fiffi steht in den ersten Übungssequenzen neben Frauchen/Herrchen. Fiffi ist an kurzer Leine. Eine Hilfsperson hält einen Ball in der Hand und bewegt die Hand mit dem Ball langsam in etwa zwei Metern Entfernung vom Hund. Immer, wenn Fiffi hinschaut, aber noch nicht hinspringt, wird er belohnt.

Gestalte die Übungen so, dass dein Hund auch Erfolg haben kann!

Die nächsten Stufen

- Die Person bewegt den Ball in der Hand schneller. Immer, wenn Fiffi hinschaut, aber noch nicht hinspringt, wird er belohnt.
- Die Person kommt näher, während sie den Ball in der Hand bewegt.
- Die Person wirft den Ball in die Luft in etwa fünf Metern Entfernung.
- Die Person kommt näher, während sie den Ball in die Luft wirft.
- Die Person wirft den Ball auf den Boden in etwa acht Metern Entfernung.
- Die Person rollt den Ball langsam auf Fiffi zu.
- Die Person rollt den Ball schnell an Fiffi vorbei.
- Die Person nimmt den Ball an eine Schnur, bewegt ihn mit der Schnur zuckend und hüpfend in drei Metern Entfernung.
- Die Person bewegt den Ball an der Schnur immer weiter auf Fiffi zu.
- Die ersten Übungssequenzen werden noch einmal wiederholt, diesmal mit Fiffi und Frauchen/Herrchen in Bewegung wie beim Spaziergang. Die Leine ist immer noch kurz.
- Die Person versteckt sich hinter einer Ecke und lässt den Ball plötzlich in Fiffis Weg kullern.
- Die bisherigen Übungssequenzen werden noch einmal wiederholt, diesmal an langer Leine und Fiffi in etwas mehr Entfernung zu Frauchen/Herrchen.
- Die bisherigen Übungssequenzen werden noch einmal wiederholt, diesmal ohne Leine in gesichertem Gelände.
- Und so weiter.

Große Ablenkung

Und wenn du mit dem Ball durch bist, nimmst du andere Bewegungsreize: Spielende Kinder, Fahrräder, Spielzeuge an einer Reizangel und so weiter. Lass dir was einfallen. Damit bist du schon mal mehrere Wochen beschäftigt und du und dein Hund habt die Möglichkeit, eine ganz solide Basis aufzubauen, durch die dein Hund lernt, dass Bewegungsreize eine tolle Möglichkeit sind, sich eine Belohnung abzuholen. Und wenn du mit ganz vielen Bewegungsreizen geübt hast, dann gehst du wieder an die Nachbarskatze ran. Achte auch hier darauf, dass die Situation nicht unkontrolliert ist. Vielleicht siehst du die Nachbarskatze zufällig in zehn Metern Entfernung draußen auf der Straße sitzen. Also nimmst du Fiffi an Leine und Geschirr, nimmst deine Belohnungen mit und gehst raus auf die Straße. Halte die Entfernung so, dass weder die Katze noch Fiffi sich unwohl fühlen, und starte dort dein Training. Nachdem ihr ja jetzt schon einiges an Erfahrung mit Bewegungsreizen habt, wirst du sehen, dass dein Training viel besser verläuft, als wenn du die ganze Zeit nur versuchst, mit einer rennenden Katze zu üben. Überlege dir jetzt also: Welcher Reiz löst das blöde Verhalten deines Hundes aus? Und wie kannst du eine Umgebung schaffen, in der du mit kontrollierten Reizen so arbeiten kannst, dass dein Hund noch ansprechbar ist? Und wie kannst du diese Reize nach und nach steigern?

Wenn dein Hund heftig an der Leine zieht: Wo gibt es Orte, an denen der Leinenzug nicht so krass ist? Bei dir im Garten? Oder vielleicht erstmal in deinem Wohnzimmer?
Wenn dein Hund andere Hunde blöd findet: Suche Orte auf, an denen andere Hunde sicher angeleint sind und an denen du die Entfernung zum anderen Hund gut steuern kannst. Vermeide Orte, an denen die Gefahr besteht, dass überraschend ein fremder Hund in euch reinläuft. Bitte andere Hundehalter, dir beim Training zu helfen.
Wenn dein Hund an Besuch hochspringt: Ist dein Hund besonders aufgeregt, wenn vorher die Türklingel geht? Oder ist er eher gechillt, wenn ihr Besuch erst einmal vor dem Haus begrüßt? Gibt es Besuch, bei dem er besonders ausflippt? Bei wem ist die Aufregung nicht so groß?

Schaffe Ordnung und Systematik

Ordne deine Ablenkungsliste in drei große Bereiche:

- Leichte Ablenkungen: Reize, die dein Hund zwar wahrnimmt, die aber so leicht sind, dass er bei ihnen noch kein doofes Verhalten zeigt.
- Beispiel: Die Hilfsperson, die einen Ball in der Hand hat. Dein Hund nimmt den Ball wahr, aber er ist noch nicht interessant genug, dass Fiffi versuchen würde, den Ball aus der Hand zu schnappen.
- Mittlere Ablenkungen: Reize, die dein Hund wahrnimmt und seeehr interessiert ist, bei denen er aber dennoch noch ansprechbar ist.
- Beispiel: Die Nachbarskatze, die in etwa 20 Metern Entfernung auf der Straße liegt. Dein Hund würde sich die Katze gerne schnappen, aber wenn du Fiffi rufst, dreht er sich dennoch zu dir um.
- Schwere Ablenkungen: Reize, bei denen dein Hund die Contenance verliert.
- Beispiel: Die Katze, die unmittelbar an Fiffi vorbei über die Straße huscht.

Was genau speziell deinen Hund wie stark triggert, ist extrem individuell und von Hund zu Hund verschieden. Schreibe daher ganz speziell eure individuelle Ablenkungsliste auf.
Und wenn du das geschafft hast, weißt du ja, wann dein Hund noch ansprechbar ist und wann nicht mehr. Schnapp dir deine Liste und arbeite über die nächsten Tage und Wochen hinweg erstmal mit leichter Ablenkung, um eine solide Basis zu schaffen und das gewünschte Verhalten zu festigen. Hake alle leichten Ablenkungen ab und beginne dann mit den mittleren Ablenkungen.
Achte darauf, dass du, wenn mal etwas schiefgegangen ist und dein Hund doch das blöde Verhalten gezeigt hat, dein Training bei den nächsten Wiederholungen einfacher gestaltest und erstmal wieder mit leichteren Reizen aus deiner Liste arbeitest, damit du dir deine Basis nicht kaputttrainierst. Du wirst sehen, dass du nach einigen Wiederholungen schnell wieder steigern kannst.
Nutze unbedingt die Ablenkungsliste, um dein Training systematisch zu gestalten. Schreibe jetzt eine ganz konkrete Liste mit den ersten, leichten Reizen/Ablenkungen, mit denen du zu trainieren anfangen möchtest. Was wäre der einfachste, leichteste Reiz, mit dem du im allerersten Schritt arbeiten könntest?

WICHTIG

Wenn du mit deiner Ablenkungsliste arbeitest, besteht nicht die Gefahr, dass du immer nur zur gleichen Uhrzeit am gleichen Ort mit den gleichen Reizen arbeitest. Stattdessen übst du in allen möglichen Alltagssituationen.

MERKE

Eine Belohnung ist nur eine Belohnung, wenn sich dein Hund auch wirklich belohnt fühlt, sich also über die Belohnung sichtlich freut.

Köpfchentätscheln ist meist keine gute Belohnung.

Voraussetzung 2: Belohne deinen Hund so, dass er sich auch belohnt fühlt!

Wie viele Menschen sind immer noch der Meinung, dass ein Hund gefälligst gehorchen soll, weil...ja, warum eigentlich? Weil der Hundehalter/die Hundehalterin so eine Lichtgestalt ist? Weil nicht gestraft genug belohnt ist? Dein Hund tut das, was sich für ihn gut anfühlt. Wenn es sich für ihn besser anfühlt, an Besuch hochzuspringen als alle vier Pfoten am Boden zu lassen, dann wird er das tun. Wenn es sich für ihn besser anfühlt, die Katze zu hetzen oder den Nachbarshund zu vermöbeln, statt mit dir einfach ruhig weiterzugehen, dann wird er das tun. Also muss es sich für ihn besser fühlen, alle vier Pfoten am Boden zu lassen, und es muss sich für ihn besser anfühlen, einfach ruhig weiterzugehen. Das könntest du theoretisch natürlich dadurch erreichen, dass du deinen Hund fürs Hochspringen oder Leineziehen bestrafst, aber du hast ja schon gelernt, dass das nicht immer den von dir gewünschten Erfolg hat und sogar ganz fiese Nebenwirkungen haben kann. Und da kommen die passenden Belohnungen mit ins Spiel. Es mag Hunde geben, die sich über ein freundliches Wort und ein Köpfchentätscheln so sehr freuen, dass sie dafür jedes Reh stehen lassen und denen es dann völlig egal ist, ob der Nachbarslumpi gerade provoziert. Wenn du so ein Exemplar hast: Herzlichen Glückwunsch! Die meisten Hunde finden Köpfchentätscheln eher unangenehm bis eklig (häusliche Schmuse- und Kuschelzeiten ausdrücklich ausgenommen) und ein freundliches Lob wird zwar gerne genommen, aber die Hasenhatz fühlt sich definitiv besser an.

Nur dann, wenn dein Hund sich wirklich über deine Belohnung freut, hast du auch das Belohnungszentrum im Gehirn angesprochen. Und nur dann, wenn du das Belohnungszentrum im Gehirn angesprochen hast, hat es sich für deinen Hund auch gelohnt, sich so zu verhalten, wie du das möchtest. Beispiel Hasenhatz: In diesem Moment will dein Hund wahrscheinlich nicht fressen, sondern rennen und hetzen. Das heißt: Die Leberwurst ist dann keine gute Belohnung, auch wenn sie von auf grünen Wiesen freilaufenden Rindern stammt und vom besten Metzger mit vielen leckeren Gewürzen zubereitet worden ist. Eine bessere

Sehr intensiv riechendes Essen ist oft, aber nicht immer eine gute Belohnung.

TIPP

Kleiner Geheimtipp: Wenn es draußen heiß ist, nimm doch gekühlte Brühe mit auf den Spaziergang. Viele Hunde stehen total drauf.

Belohnung wäre etwas, bei dem dein Hund rennen und hetzen kann, aber halt nicht den Hasen, sondern bevorzugt etwas, was bei dir stattfindet.
So ist auch Leberwurst in Situationen, in denen dein Hund auf seinen besten Kumpel trifft, oft keine gute Belohnung. Deinem Hund ist in diesem Moment wahrscheinlich eher nach Sozialkontakt zumute, nach körperbetontem Spiel, nach Gerangel. Da kann so eine Leberwurst oft nicht mithalten. Eine Belohnung ist viel mehr als nur Futter. Eine Belohnung ist alles, was dein Hund in einer bestimmten Situation toll findet und was ihn dazu bringt, sich zu freuen. Nur wenn dein Hund sich auch freut, fühlt er sich belohnt. Und nur wenn er sich belohnt fühlt, wird er das Verhalten, für das es die Belohnung gab, auch gern wiederholen.
Du musst also herausfinden, was dein Hund in einer bestimmten Situation möchte. Glaub mir: So schwer ist das gar nicht.
Die Sache mit dem Zettel und dem Stift kennst du ja. Was man aufschreibt, vergisst man so schnell nicht wieder. Stecke dir Zettel und Stift ein und notiere alles, was deinem Hund im Verlaufe eines Tages Freude macht. Schreibe auf, in welchen Situationen dein Hund Fressen sehr gerne mag, und auch, in welchen Situationen das nicht der Fall ist. Schreibe auch auf, welches Futter dein Hund gerne mag. Mag er lieber Käse? Lieber Wurst? Oder steht er auf ein bestimmtes Trockenfutter? Die Geschmäcker sind verschieden (wobei Käse und Wurst bei den meisten Hunden zu den absoluten Favoriten gehören).Und was tut dein Hund gerne im Laufe des Tages? Buddelt er draußen gerne Löcher? Geht er gerne schwimmen? Spielt er gerne mit dem Ball mit dir? Frisst er gerne Fuchskacke? Schreibe alles auf, was dir auffällt, auch wenn es verboten oder eklig ist. Es geht darum, eine Hobbyliste deines Hundes zu erstellen. Notiere auch, wann und wo er das alles gerne tut und wann und wo er es nicht so gerne tut. Ein Ballspiel macht deinem Hund vielleicht Spaß, solange es draußen schön kühl und wenn seine letzte Mahlzeit schon ein wenig her ist. Ein Ballspiel macht vielleicht viel weniger Spaß, wenn es draußen heiß und die letzte Mahlzeit gerade erst eine halbe Stunde her ist.

1

Wertigkeiten

Die größte Belohnung für gutes Verhalten ist die, dass dein Hund genau das tun kann, was er eigentlich tun wollte. Du könntest ihm zum Beispiel ein Signal beibringen für „Jetzt darfst du deine Vorderpfoten über meinen Arm legen". Wenn dein Hund es schafft, bei der Begrüßung alle vier Pfoten am Boden zu halten, könntest du ihm hinterher erlauben, einmal auf Signal seine Pfoten über deinen Unterarm zu legen, sodass er kontrolliert an dir „hochspringen" kann, wenn ihm das Spaß macht.
Oder du könntest deinem Hund erlauben, seinen Lieblingskumpel zu begrüßen, nachdem er es geschafft hat, sich dem Homie an lockerer Leine zu nähern. Oder du könntest deinem Hund erlauben, noch ein wenig weiterzuspielen, wenn er sich aus dem Spiel hat abrufen lassen.
Oder du könntest deinem Hund erlauben, Besuch zu begrüßen, nachdem er es geschafft hat, auf seiner Decke zu warten, bis der Besuch in Ruhe die Wohnung betreten hat. Eine große Belohnung ist es auch, wenn dein Hund seinem Erzfeind aus dem Weg gehen darf, statt von dir weiter in die Richtung der Nemesis gedrängt zu werden, bis er irgendwann nur noch aus dem Hemd springen kann. Du erkennst das Prinzip, oder?
Dass du deinem Hund zur Belohnung das zukommen lässt, was er eh tun wollte, ist aber leider nicht immer möglich. Es ist nicht immer eine Spielwiese da, wenn man eine braucht. Und wenn man im Sonntagsstaat im Flur steht, kann man seinem Hund nicht immer erlauben, an einem hochzuspringen. Und natürlich soll dein Hund nicht jede Fuchskacke fressen, die er findet.
Also brauchst du da eine Ersatzbelohnung. Die ist dann nicht ganz so supertoll wie das, was dein Hund eigentlich möchte, aber auch dann, wenn die Ersatzbelohnung ein wenig euphorieberaubt ist, ist sie immer noch besser, als wenn du deinen Hund gar nicht belohnen würdest.
Eine gute Ersatzbelohnung findest du, wenn du dir überlegst, was deinen Hund in den Momenten, in denen

2

1 – 2
Rangeln kann eine Ersatzbelohnung für Hundekontakt sein.

er sich danebenbenimmt, eigentlich antreibt.
Sein Lieblingsbuddy kommt gerade um die Ecke? Die perfekte Belohnung, um das unerwünschte Verhalten „Ohren zuklappen und ohne Erlaubnis hinstürmen“ zu unterbrechen, wäre hier ganz sicher, wenn er nach einem kurzen Stopp und deiner Freigabe mit seinem Kumpel spielen dürfte. Darf er aber nicht, weil der Ort, die Zeit, die Laune nicht passt. Beim Spielen mit dem Kumpel geht es oft um körperliches Gerangel, gemeinsames Rennen, Körperkontakt. Eine passende Ersatzbelohnung könnte hier sein, wenn du ein kleines Rennspiel mit deinem Hund machst, ihn etwas kräftiger durchwuschelst oder ein wenig mit ihm rangelst. Das ist dann nicht der gleiche Hype wie mit dem Hundekumpel, aber etwas, was den Bedürfnissen deines Hundes in diesem Moment besser entgegenkommt als ein plattes Lob.
Wenn dein Hund eklige Dinge vom Boden fressen mag, dann kannst du ihn zum Beispiel mit sehr würzigen Dingen wie Harzer Käse oder getrocknetem Fisch rechtzeitig unterbrechen, bevor er das Fressbare am Boden runterschlingt. Das befriedigt ebenfalls die Lust auf Würziges, sehr intensiv Riechendes, auch wenn es nicht ganz das ist, was dein Hund ursprünglich wollte.
Du hast Katzen im Haus, die dein Hund immer jagt? Was wäre die passende Ersatzbelohnung, um deinen

WICHTIG

Natürlich findet dein Hund seine Ersatzbelohnung nicht so komplett knorke wie das, was er eigentlich gerne machen würde. Natürlich fühlt es sich für deinen Hund deutlich besser an, die Katze zu fleddern, als mit dir ein Zerrspiel zu machen. Aber nur dann, wenn gerade eine Katze greifbar ist! Ist die Katze nicht da, kann es gut sein, dass für deinen Hund euer Zerrspiel gerade megaviel Spaß macht!
Das heißt, du kannst deine Ersatzbelohnungen im Alltag in ablenkungsarmer Umgebung oder zu Zeiten, zu denen dein Hund gerade nicht direkt vor der Nachbarskatze steht, gerne als Belohnung einbauen und dafür sorgen, dass dein Hund das Zerrspiel im Gehirn als „einfach genial“ abspeichert.

Hund rechtzeitig zu unterbrechen? Will er etwas hetzen und packen? Dann wäre ein Zerrspiel mit dir vielleicht eine gute Alternative, um sein Verhalten rechtzeitig zu unterbrechen und umzulenken. Will er etwas zerrupfen? Dann wäre ein schlichtes Auspackspiel (Leckerchen in Zeitungspapier wickeln) vielleicht eine gute Alternative. Hat er eigentlich Angst vor den Katzen und sein „Auf sie mit Gebrüll" ist eher vorauseilende Verteidigung, dann wäre eine gute Alternative, wenn du deinen Hund rechtzeitig von den Katzen wegrufst und dann für mehr Abstand sorgst. Das ist dann die perfekte Belohnung, denn mehr Abstand ist ja das, was dein Hund eigentlich will.
Nimm dir jetzt nochmal die Liste mit den Dingen, die dein Hund tut, die du aber nicht magst. Welches Bedürfnis deines Hundes steckt dahinter? Welche Ersatzbelohnung könntest du ihm bieten, um sein Verhalten zu unterbrechen?
Und wenn er das Zerrspiel in anderen Situationen extrem gut findet, ist die Wahrscheinlichkeit ziemlich groß, dass er das „Gutfinden" mit in die Situationen reinnimmt, in denen er eigentlich die Katze packen würde. Du kannst deine Ersatzbelohnungen also aufwerten, indem du sie immer mal wieder in Situationen verwendest, in denen sie keine Ersatzbelohnungen sind, sondern genau das, was deinem Hund in diesem Moment riesengroßen Spaß macht! Das macht sich dann auch in den Situationen sehr positiv bemerkbar, in denen dein Zerrspiel nur eine Ersatzbelohnung wäre.

Wenn's mal schnell gehen muss: simple Belohnungen.

Wenn's mal schnell gehen muss

Ja, es gibt Tage, an denen morgens der Kaffee nicht schmeckt, die Milch nicht mehr gut und man so müde ist, dass man beim Gassi darauf achten muss, nicht im Halbschlaf volle Kanne gegen die Straßenlaternen zu semmeln. An solchen Montagen sind Gedanken wie „Überlege, was dein Hund gerade möchte und unterbrich ihn, bevor er Mist baut, mit einer Ersatzbelohnung" einfach zu viel verlangt. Für solche Zeiten macht es Sinn, einen Plan B zu haben.

Du kennst ja schon die Sache mit dem Stift, dem Papier und der Liste, gell? Dann setz dich doch gleich nochmal hin und schreib so viele Dinge auf, wie dir einfallen zum Thema „Mit Futter und Spielzeug belohnen". Welche Arten, mit Futter und Spielzeug zu belohnen, fallen dir ein? Schreib einfach alle auf.

Die Bewegung, das Verstecken, das Erarbeitenlassen von Futter/Spielzeug ist für deinen Hund noch einmal viel, viel spannender und aufregender, als wenn du ihm das Futter oder Spielzeug einfach nur gibst. Es erhält dadurch eine viel höhere Wertigkeit und bleibt dadurch spannend.

Wenn du so nachdenkst, fallen dir ganz sicher noch viel, viel mehr Möglichkeiten ein. Der Vorteil an einer solchen Liste ist, dass es für deinen Spaziergang im Notfall ausreicht, wenn du einfach ein paar sehr leckere Gutties und ein kleines Spielzeug einsteckst und schon bist du gerüstet.

Du siehst: Es gibt unendlich viele Möglichkeiten, deinen Hund durch eine passende Belohnung in seinem Tun rechtzeitig zu unterbrechen, mit all den Vorteilen, die das hat. Es macht also großen Sinn, wenn du dir ein klein wenig Zeit nimmst, dir zu überlegen, mit welchen Belohnungen du deinen Hund passend in seinem Tun unterbrechen kannst.

Schreibe dir jetzt sofort drei Belohnungen auf, die zu der Motivation deines Hundes in dem Moment passen, in dem er sich danebenbenehmen würde. Was will er in diesem Moment? Und wie kannst du daraus passende Belohnungen basteln?

BELOHNUNGSSPIELE

Alles, was mit Leckerchen geht, geht auch mit Spielzeug: dem Hund zuwerfen

- vom Hund weg werfen
- in Laufrichtung des Hundes über den Boden kullern
- in Erdlöchern verstecken
- Zerrspiele veranstalten (mit Spielzeug oder robustem Leckerchenbeutel)
- an eine Schnur binden und jagen lassen
- in einem Erdloch verstecken
- mehrere Leckerchen/kleine Spielzeuge verstecken und suchen lassen
- ins Gebüsch hängen und von Ästen pflücken lassen
- aus sauberen Pfützen angeln lassen
- in eine Papiertüte stecken und vor dem Fressen/Spielen die Tüte schreddern lassen

Zu spät – der Hund bellt schon.

Voraussetzung 3: Dein Timing muss stimmen!

Du erinnerst dich daran, dass du ein wenig Know-how brauchst, wenn es darum geht, deinem Hund sinnvoll Grenzen zu setzen? Die richtige Art der Belohnung für (noch) gutes Verhalten zu finden, ist das eine. Das andere, bei dem es etwas Know-how braucht, ist dein Timing. Deine Belohnung muss in dem Moment kommen, in dem dein Hund einen Reiz, der ihn normalerweise zu doofem Verhalten bringen würde, wahrnimmt, aber noch kein blödes Verhalten zeigt.

Der Ablauf ist also: Reiz taucht auf – Hund nimmt den Reiz wahr – Belohnen, bevor dein Hund sich doof benimmt.

Leider sind die meisten Hundehalter sehr geprägt darauf, erst zu reagieren, wenn ihr Hund schon Blödsinn macht.

Das sieht dann so aus: Reiz taucht auf – Hund nimmt Reiz wahr – Hund benimmt sich doof – Hund wird bestraft

Dass es diesen mehr oder weniger gut erkennbaren Moment gibt, in dem der Hund den Reiz zwar wahrnimmt, aber noch nichts Doofes macht, musst du erstmal mitkriegen und dann auch noch rechtzeitig reagieren. Aber ich schwöre dir: Das ist reine Übungssache. Wenn dein Fokus mal weggeht von dem, was der Hund falsch macht und sich dorthin richtet, wo dein Hund (noch) etwas richtig macht, dann fluppt das irgendwann.

Dann erkennst du den Moment zwischen Reiz und Reaktion deines Hundes und kannst dann mit deiner Belohnung rechtzeitig reagieren. Warum rechtzeitig? Nun, du belohnst deinen Hund ja, um ihn in seinem Verhalten zu unterbrechen. Und das, wofür du deinen Hund belohnst, lohnt sich für ihn. Und das, was sich für ihn lohnt, wird häufiger, länger, schneller gezeigt. Wenn du jetzt wartest, bis dein Hund sich blöde benimmt und dann sein blödes Verhalten mit einer Belohnung abbrichst … überleg mal selbst … welches Verhalten verstärkst du dann? Richtig: Das blöde Verhalten, denn das ist das, was du belohnst.
Was dann passieren kann, ist das, was eine Hundetrainerkollegin liebevoll eine „Müllverkettung" nennt. Eine Müllverkettung ist das, was dir entgegenschreit: „Hey, dein Timing ist grottig!!" Sie passiert dann, wenn du zu spät belohnst.

Beispiele:
- Dein Hund nimmt regelmäßig Ekelhaftes vom Boden auf. Weil du ja Verhalten nett unterbrechen möchtest, tauschst du das Ekelhafte regelmäßig gegen ein leckeres Leckerchen. Das machst du immer wieder.
- Dein Hund rennt los, weil er etwas Interessantes gesehen hat. Du lockst ihn jedes Mal zurück, um sein Weiterrennen zu unterbrechen. Das machst du immer wieder.
- Es klingelt an der Tür. Dein Hund bellt los. Du unterbrichst ihn nett mit Leckerchen. Das machst du immer wieder.

Die Folgen könnten sein:
- Dein Hund nimmt Fressbares vom Boden auf, damit er dafür von dir belohnt wird.
- Dein Hund rennt wie angepiekst los und wartet dabei schon darauf, dass er von dir belohnt wird.
- Dein Hund bellt, sobald die Türklingel geht, weil er dafür von dir belohnt worden ist.

Jetzt ist es an dir, die Müllverkettung auszunutzen und geschickt weiterzutrainieren. Die Müllverkettung kann nämlich als Zwischenschritt durchaus erwünscht sein. Sie zeigt dir nämlich, dass sich die Motivation deines Hundes geändert hat.

Vorher: Dein Hund nimmt Fressbares auf, weil es interessant gerochen hat.
Nachher: Dein Hund nimmt Fressbares auf, weil er dafür eine Belohnung von dir erwartet.

Vorher: Dein Hund rennt los, weil er etwas hetzen will.
Nachher: Dein Hund rennt los, weil er dafür eine Belohnung von dir erwartet.

WICHTIG

Keine Panik! Eine Müllverkettung ist nichts Schlimmes. Sie bedeutet, dass dein Hund anfängt zu lernen. So hast du einen ersten Fuß in der Tür! Schlimm wäre es, wenn du deinen Hund für lernresistent hältst und denkst, dein Training würde nicht funktionieren. Das Gegenteil ist der Fall. Dein Hund ist superintelligent, denn er hat schnell kapiert, was für ihn rausspringt.

Vorher: Dein Hund bellt, weil die Türklingel geht.
Nachher: Dein Hund bellt, weil er nach dem Türklingeln eine Belohnung von dir erwartet.

Jetzt denkst du vielleicht: „Is mir wurscht, warum er das macht! Ich will das nicht!" Da hast du natürlich recht. Du willst das nicht und ich will das auch nicht. Aber wenn du mal kurz innehältst ... Wer kontrolliert denn die Belohnung, die dein Hund möchte? Du und kein anderer! Und wenn du die Belohnung kontrollierst, kann du auch das Verhalten deines Hundes kontrollieren.
Die Müllverkettung hat ja immerhin schon mal dafür gesorgt, dass du bei bestimmten Reizen wie zum Beispiel der Türklingel viel mehr im Fokus deines Hundes stehst als vorher. Das heißt, dass dein Hund ansprechbarer wird. Also sprich ihn an! Rechtzeitig! Bevor er sich wieder blöd benimmt.

Vorher: Du hast deinen Hund belohnt, nachdem er etwas Fressbares aufgenommen hat.
Jetzt: Du belohnst deinen Hund, wenn er etwas Fressbares wahrnimmt, es aber noch nicht runtergeschlungen hat. Das ist jetzt viel einfacher, weil er ja schon mehr auf dich achtet.
Folge: Dein Hund wird sich immer öfters zu dir umdrehen, wenn er etwas Fressbares wahrgenommen hat.

Vorher: Du hast deinen Hund belohnt, nachdem er losgerannt ist.
Jetzt: Du belohnst deinen Hund, wenn er etwas Hetzbares sieht, aber noch nicht losgerannt ist. Das ist jetzt viel einfacher, weil er ja schon mehr auf dich achtet.
Folge: Dein Hund wird immer öfter stehen bleiben, wenn er etwas Hetzbares sieht.

Vorher: Du hast deinen Hund belohnt, wenn er wegen der Türklingel gebellt hat.
Jetzt: Du belohnst deinen Hund, wenn es klingelt, dein Hund aber für eine Mikrosekunde ruhig bleiben kann. Ich empfehle in diesem Fall immer, entweder mit Hilfspersonen zu arbeiten oder den Ton der Türklingel mit dem Handy aufzunehmen und dann kontrolliert abzuspielen. So weißt du, wann es klingelt, und es erleichtert dir dein Timing.
Folge: Dein Hund wird sich immer öfter nach dem Läuten an der Tür zu dir orientieren.

Also keine Angst vor Müllverkettungen. So was kann passieren. Vor allem dann, wenn dein Hund richtig klug und dein Timing nicht so klug ist. Wenn du dein Timing verbesserst, machst du aus der Müllverkettung eine wunderbare, neue Verhaltenskette. Die sieht dann so aus: Reiz taucht auf – Dein Hund nimmt den Reiz wahr – Er will eine Belohnung von dir – Er dreht sich zu dir um – Dein Hund wird belohnt.
Und die Aufmerksamkeit, die dein Hund dir dann schenkt, ist genau das, was du möchtest, um weiterzutrainieren und ihm im nächsten Schritt ein anderes Verhalten als bisher beizubringen. Schreibe dir jetzt sofort auf, woran du erkennst, dass dein Hund einen Reiz wahrgenommen hat.

Nimmt er Blickkontakt auf? Spitzt er die Ohren? Schnüffelt er sehr intensiv? Spannt er sich an? Zuckt er zusammen? Woran erkennst du, dass dein Hund drauf und dran ist, sich nicht so zu verhalten, wie du das gerne möchtest? Das ist der Moment, in dem du mit deiner Belohnung einsetzt. Schreibe auf, welcher Moment das ist.

Überprüfe noch einmal deine bisherige Liste:

- Wie musst du die Trainingssituation gestalten, damit dein Hund auch tatsächlich ansprechbar ist?
- Welche Belohnung passt in dein Training?
- In welchem Moment musst du reagieren? Woran erkennst du, dass dein Hund den Reiz wahrgenommen hat?

Mit dem rechtzeitigen und sinnvollen Unterbrechen des blöden Verhaltens schaffst du eine neue Verhaltenskette, die keine Müllverkettung mehr ist, sondern ein erster Schritt hin zu einem neuen, erwünschten Verhalten deines Hundes. Je öfters du ihn in seinem unerwünschten Tun nett unterbrichst mit Dingen, die er toll findet, umso eher wird er sich in fragwürdigen Situationen zu dir umdrehen, statt weiterhin blöde Sachen zu machen, weil er ja in diesen Momenten eine Belohnung von dir erwartet. Du hast ihm beigebracht: „Dinge angucken, aber nicht anfassen".

Das alleine reicht aber nicht immer aus. Um sicherzugehen, dass dein Hund auf jeden Fall etwas tut, was du gut findest, statt sich zu benehmen wie Rotz an Hose, bringst du ihm ein sogenanntes „Alternativverhalten" bei.

So ist's besser: Rechtzeitig belohnen, bevor der Hund bellt!

Aber wie geht das? – Das Alternativverhalten

Bisher hast du deinen Hund für das Wahrnehmen eines Reizes belohnt und damit sein unerwünschtes Verhalten rechtzeitig unterbrochen. So haben wir den Anfang einer neuen Verhaltenskette gelegt: „Gucken, aber nicht anfassen".

Damit diese Verhaltenskette auch zuverlässig so verläuft, wie du es möchtest, gehen wir jetzt noch einen Schritt weiter.
Wenn du deinen Hund für das Wahrnehmen eines Reizes belohnst, dann bestärkst du ihn für das Wahrnehmen, also zum Beispiel für das Hinschauen zum Erzfeind an der Straßenecke. Wenn du ihn nur für das Hinschauen belohnst, könnte aus dem Hinschauen irgendwann ein Hinstarren werden und aus dem Hinstarren schließlich doch noch ein Anblöken. Diese Art Verhaltenskette möchten wir aber nicht. Deswegen ist es wichtig, dass du deinen Hund nicht nur für das Wahrnehmen belohnst, sondern ihm zusätzlich ein weiteres Verhalten beibringst. Eins, das eine Alternative zum bisherigen unschönen Verhalten (Anspringen, Anblöken, was auch immer) darstellt. Und weil es eine Alternative darstellt, nennt man das ein Alternativverhalten (AV). Jedes Verhalten, das nicht kompatibel ist mit dem, was dein Hund bisher an Blödsinn gemacht hat, ist ein Alternativverhalten.
Du hast dafür schon einen guten Grundstein gelegt. Wenn du deinen Hund bisher für das Wahrnehmen eines Reizes belohnt hast, ist die

1

Wahrscheinlichkeit ziemlich groß, dass er sich jetzt zu dir umdreht, wenn er etwas wahrnimmt, was ihn normalerweise zu doofem Verhalten animieren würde. Dieses Umdrehen zu dir ist schon ein AV!

Wenn dir das ausreicht, dann belohne das Umdrehen zu dir ganz besonders gut, damit es lange erhalten bleibt! Bisher hattest du einen Hund, der Besucher anspringt, der Hasen hetzt, der den Nachbarsfiffi anbrüllt. Jetzt hast du einen Hund, der sich zu dir orientiert, weil er eine Belohnung erwartet. Dann gib ihm gefälligst auch eine passende Belohnung, denn dein Hund hat großartiges Verhalten gezeigt! Sorge dafür, dass dieses großartige Verhalten bestehen bleibt.

Du kannst sogar noch weitergehen: Immer, wenn dein Hund in den Situationen, die bisher nicht so prickelnd verlaufen sind, auch nur das allerkleinste, zusätzliche, erwünschte Verhalten zeigt, kannst du das richtig gut belohnen, damit dieses Verhalten nicht nur bestehen bleibt, sondern sogar immer besser wird.

Beispiel: Bisher hat dein Hund andere Hunde angepöbelt. Durch dein geschicktes Belohnen sucht dein Hund jetzt Blickkontakt zu dir, wenn der Erzfeind auftaucht. Es kann sogar sein, dass dein Hund jetzt gelassener ist als vorher, weil er ja weiß, dass gleich etwas Gutes bei dir passiert. Durch diese Gelassenheit zeigt dein Hund vielleicht sogar schon ganz kleine, zusätzliche Verhaltensänderungen. Vielleicht wird er etwas langsamer, wenn ein Hund auftaucht, weil er nicht mehr sofort nach vorne stürmen muss, um den Erzfeind zu vermöbeln. Prima! Werde auch langsamer (zieh ihn also nicht weiter auf den anderen Hund zu) und belohne ihn passend! Vielleicht fängt dein Hund an, am Boden zu schnüffeln oder vom anderen Hund wegzuziehen, um die Situation zu deeskalieren.

1 Besser als Hinschauen

2 Alternativverhalten: Blickkontakt zum Halter

2

Alternativverhalten Sitzen statt Anspringen.

Prima! Mach das mit und belohne deinen Hund dafür! Mit der Zeit wird dein Hund diese von ihm ausgewählten AVs immer intensiver zeigen, denn er hat gelernt, dass er mit ihnen gut durch eine stressbeladene Situation kommt, ohne dass er pöbeln muss.
Es gibt aber auch Situationen, in denen das Umdrehen zu dir nicht ausreicht oder in denen es deinem Hund schwerfällt, von sich aus ein praktikables AV zu zeigen. Zum Beispiel, wenn der Erzfeind immer näherkommt und du dir sicher bist, dass dein Hund ausflippen wird.
In diesem Fall braucht es etwas mehr. Was dieses „Mehr" ist, solltest du dir genauer überlegen, damit dein Hund weiß, was du möchtest.

WAS GENAU SOLL DEIN HUND TUN?

Also wirklich „tun" und nicht „lassen"! Deine Antwort lautet also nicht: „Er soll aufhören, den Nachbarslumpi anzuschreien!", sondern sie könnte lauten: „Ich möchte, dass mein Hund mit mir einen kleinen Bogen läuft, sich auf meine vom Hund abgewandte Seite begibt und dort bleibt, im Blickkontakt zwischen mir und dem Nachbarshund wechselt und nach der Begegnung an lockerer Leine mit mir weiterläuft".

Überlege dir also genau, was du von deinem Hund möchtest. Du weißt das nicht so genau? Wie soll dein Hund dann wissen, was er tun soll, wenn du es nicht mal so genau weißt? Erst wenn du selbst weißt, was du von deinem Hund möchtest, kannst du das auch trainieren. Ohne genaues Bild im Kopf trainiert es sich sehr schlecht. Setz dich jetzt also hin und schreibe ganz detailliert auf, was genau dein Hund in einer bestimmten Situation tun soll.

Wenn dir dafür der Blickkontakt zu dir ausreicht: Prima!

Wenn du etwas mehr brauchst, um mit deinem Hund sicher durch die Situation zu kommen: Fang an zu üben!

Dein AV sollte, um es im Training einsetzen zu können, drei Voraussetzungen erfüllen.

Erstens: Dein Hund sollte das AV gut beherrschen.

Wenn du möchtest, dass dein Hund in einer bestimmten, oft mit ziemlich viel Aufregung verbundenen Situation ein AV zeigt, dann sollte er das schon ziemlich gut können. Wenn dein Hund zum Beispiel in ablenkungsarmen Situationen Schwierigkeiten mit dem Bei-Fuß-Training hat, wähle kein „Bei-Fuß-Gehen" als Alternativverhalten oder übe erst einmal sehr intensiv, bevor du es als Alternativverhalten einsetzt. Solange dein Hund das AV, das du dir wünschst, eher so mittelgut beherrscht, macht es keinen Sinn, es in einer stressbeladenen Situation einsetzen zu wollen. Um deinem Hund das AV besser beizubringen, kannst du auch hier deine Ablenkungsliste nutzen. Schau mal, unter welchen Ablenkungen dein Hund das Signal bereits beherrscht und unter welchen Ablenkungen das noch nicht so funktioniert. Und dann übst du zunächst mit Hilfe deiner Ablenkungsliste, bis dein Hund das Alternativverhalten mindestens unter mittelgroßer Ablenkung zeigen kann, und setze es erst dann in den stressigeren Situationen ein. Sonst bestünde die Gefahr, dass ihr immer wieder scheitert, und Frust wäre vorprogrammiert.

Zweitens: Das Alternativverhalten sollte zur Situation und zu deinem Hund passen.

Merke dir: Ein Alternativverhalten funktioniert vor allem dann richtig gut, wenn sich dein Hund mit dem AV genauso wohlfühlt, wie er sich vorher mit dem blöden Verhalten gefühlt hat.

Wenn du also zum Beispiel als AV gerne hättest, dass dein Hund in der Fuß-Position in einer Entfernung von 30 Zentimetern am Erzfeind vorbeigeht, ohne ihn anzublöken, dann denk lieber nochmal nach. Die Wahrscheinlichkeit ist ziemlich groß, dass dein Hund sich in dieser Situation sehr unwohl fühlt.

Frage dich: Was ist das Verhaltensziel deines Hundes, wenn er sich blöd benimmt?

- Beim Erzfeind ist das Ziel meistens Distanzvergrößerung. Der andere soll weggehen.
- Bei der Hasenhatz ist das Ziel: Distanzverringerung zum Hasen.
- Wenn er dich anknurrt, weil du ihm die Pfoten abputzen möchtest, hat er das Ziel: Distanzvergrößerung.

Was ist das Ziel deines Hundes? Und welches Alternativverhalten kannst du wählen?

Wenn dein Hund seinen Erzfeind trifft, macht es mehr Sinn, mit ihm einen Bogen zu laufen und etwas mehr Abstand einzunehmen, als direkt auf den Erzfeind zuzulaufen. Der Bogen als AV wäre hier also sinnvoller als ein „Bei Fuß am anderen vorbei". Natürlich kannst du nicht zulassen, dass dein Hund die Distanz zum Hasen verringert, aber du kannst ihm zum Beispiel beibringen, statt mit dem Hasen mit dir zu rennen. Du erinnerst dich noch an die geschickte Wahl der Belohnungen? Hier kommt sie wieder ins Spiel. Durch das geschickte Auswählen von Belohnungen kannst du ein passendes AV deines Hundes großartig fördern. Wenn du mit deinem Hund ein Rennspiel vom Hasen weg in die entgegengesetzte Richtung machst, macht ihm diese Belohnung und damit das AV „Rennspiel" großen Spaß. Vielleicht nicht ganz so viel wie die Hasenhatz, aber du weißt ja: Auch Belohnungen zweiter Klasse können sehr belohnend sein.

Natürlich musst du deinem Hund trotzdem manchmal die Pfoten abputzen und solltest das unbedingt üben. Das AV heißt hier: Pfote freiwillig ins Handtuch legen und wieder wegziehen können, falls es zu viel wird. Das ist viel besser, als zu knurren und so kann dein Hund mit der Zeit die Pfote immer länger ins Handtuch legen, weil er die Sicherheit hat, dass er sie wegziehen kann, wenn es denn wichtig für ihn wäre. Dann muss er auch nicht mehr knurren. Wenn du ihn zum Pfote-Abputzen zwingen willst, könnte das dazu führen, dass dein Hund irgendwann ernsthaft nach dir schnappt. Wenn du das AV in ganz kleinen Schritten aufbaust (also erst einmal „Pfotegeben" üben und danach „Mit dem Handtuch annähern" üben, usw.) und deinem Hund ein Mitspracherecht einräumst, hat er keinen Grund mehr, nach dir zu schnappen, und lässt sich mit der Zeit problemlos die Pfoten abputzen.

Alternativverhalten: Pfote geben üben statt Knurren provozieren.

Drittens: Das Alternativverhalten muss nett und ohne aversive Reize aufgebaut worden sein.
Hast du zum Beispiel die Leinenführigkeit oder ein Sitz oder einen Rückruf über aversive, unangenehme Reize aufgebaut, ist die Wahrscheinlichkeit sehr groß, dass dein Hund das unangenehme Gefühl, das er bei deinem Signal erfahren hat, auf die jetzige Situation überträgt.
Das kann bedeuten, dass dein Hund, wenn du das Signal für das AV gibst, sich plötzlich anspannt oder unsicher wird, ob jetzt gleich etwas Unangenehmes passiert. Er hat schließlich gelernt, dass es in deiner Anwesenheit, wenn du dieses Signal gibst, nicht immer schön, sondern öfters auch mal unangenehm ist. Das kann zu einer höheren Erregungslage führen und genau die wollen wir ja nicht, wie du schon gelernt hast.
Überprüfe das, was du eben aufgeschrieben hast: Beherrscht dein Hund das Verhalten ausreichend genug, um es im Training einzusetzen? Passt das Alternativverhalten zur Situation und zu deinem Hund? Hast du das Verhalten auf eine nette Weise geübt, sodass es deinem Hund Spaß macht?
Wenn nein: Überlege noch einmal neu, ob es möglich ist, deinem Hund das erwünschte Verhalten ausreichend gut beizubringen oder ob du ein anderes Verhalten wählen solltest, was besser zu deinem Hund und zur Situation passt.
Wenn ja: Herzlichen Glückwunsch! Du hast ein passendes Alternativverhalten gefunden.
Jetzt musst du natürlich noch wissen, wie du das AV richtig einsetzt.
Bisher hast du deinen Hund für das Wahrnehmen eines Reizes belohnt, bevor er sich blöd benehmen konnte. Dadurch bist du in diesen Situationen weit mehr im Fokus deines Hundes als vor deinem Training. Das nutzt du aus!

WICHTIG

Dein Hund muss Freude an dem AV haben.

Sebstständiges Alternativerhalten: Gucken statt Hetzen

SELBSTSTÄNDIG ANGEBOTENES ALTERNATIVVERHALTEN

Du belohnst, wie oben schon gelernt, deinen Hund für supertolles Verhalten, das er von sich aus, also ganz ohne deine Hilfe, zeigt.
Der Ablauf ist folgender: Reiz taucht auf – Dein Hund nimmt den Reiz wahr – Dein Hund macht was Cooles – Du belohnst ihn anständig und großzügig
So belohnst du deinen Hund also nicht mehr nur für das Wahrnehmen des Reizes, sondern für gutes Verhalten, das er zeigt, nachdem er den Reiz wahrgenommen hat. Also zum Beispiel für: Erzfeind anschauen und danach den Blick abwenden und am Boden schnüffeln. Oder: Hasen anschauen und stehen bleiben, statt sofort loszurennen.
Bäm! So hast du eine neue Verhaltenskette gebildet. Tu das so lange immer wieder unter langsam steigender Ablenkung, bis dein Hund das neue Verhalten sicher und ganz selbstverständlich zeigt.

ERLERNTES ALTERNATIVVERHALTEN

Reicht das nicht aus, weil dein Hund von alleine nicht auf ein praktikables Verhalten kommt, hilft dir das AV auf Signal.
Der Ablauf ist folgender: Reiz taucht auf – Dein Hund nimmt den Reiz wahr – Signal für das AV – Hund führt das Signal aus – dicke, fette Belohnung.
Übe das immer und immer wieder unter langsam steigender Ablenkung. Und zwar so lange, bis du das Signal

für das AV nicht mehr geben musst, sondern dein Hund das AV ganz von alleine (!) zeigt, weil er ja gelernt hat, dass sich das in dieser Situation so richtig gut für ihn lohnt!
Das läuft dann folgendermaßen ab: Reiz taucht auf – Dein Hund nimmt den Reiz wahr – Du wartest einen kleinen Moment auf die Reaktion deines Hundes – Dein Hund zeigt das AV ganz von alleine!! – Dicke, fette Belohnung.
Das geht natürlich nicht von jetzt auf gleich und braucht viele Wiederholungen. Und dann bist du da, wo du mit deinem Hund sein möchtest. Statt dass dein Hund in einer bisher unangenehmen Situation komplett aus dem Hemd springt oder sich anderweitig ungebührlich benimmt, zeigt er jetzt richtig gutes Verhalten, das du nach Herzenslust belohnen kannst. Jetzt kann dein Hund selbstständig gutes Verhalten zeigen, ohne dass du ihn ständig leiten musst. Ihr könnt also wieder viel entspannter miteinander leben. Zeige deinem Hund, wie großartig du das findest, und belohne ihn großzügig, damit das auch so bleibt.

WAS KANN SCHIEFGEHEN?

Kann dein Hund das AV mal nicht ausführen, frage dich:

- Kennt mein Hund das AV gut genug für diese Situation oder war diese Situation noch zu schwierig?
- War das AV für Situation und Hund passend?
- Hat das AV eine intensive Belohnungsgeschichte, sodass mein Hund es gerne ausführt?

Passe dein Training entsprechend an. Kann dein Hund das AV ausführen, hast du alles richtig gemacht! Wenn du dein Signal in nächster Zeit immer wieder in derselben Situation gibst, wird es schnell passieren, dass dein Hund dein Signal vorwegnimmt und das Verhalten, das du möchtest, schon von sich aus zeigt. Wenn das der Fall ist: Perfekt! Belohne ihn unglaublich gut! Er hat jetzt eine neue Verhaltenskette gelernt!
Wenn dein Hund noch etwas mehr Zeit und Unterstützung braucht: Das macht nichts! Gib ihm die Zeit und gib dein Signal einfach weiter und belohne ihn für die Ausführung. Immerhin musst du nicht mehr schimpfen und hast schon mal einen Hund, der sich gut verhält! Freu dich drüber! Das habt ihr großartig gemacht!
Achte auch beim Training mit dem AV unbedingt darauf, keine Müllverkettung zu bilden, und gib dein Signal rechtzeitig! Aber du weißt ja schon: Wenn es doch passieren sollte, ist das kein Beinbruch! Du weißt ja, was du dann tun kannst: an deinem Timing arbeiten.
Jetzt hast du also deinen Hund immer wieder nett unterbrochen, bevor er blödes Verhalten zeigt. Dadurch hast du schneller seine Aufmerksamkeit erhalten. Das hast du genutzt, um eine neue Verhaltenskette aufzubauen, sodass dein Hund anders und besser als bisher auf Reize reagiert. Aber was machst du, wenn es mal richtig schiefgeht und dein Hund sich trotz deiner Bemühungen mal danebenbenimmt? Dann wird es Zeit für deine Abbruchsignale.

Und wenn das nicht geht? – Abbruchsignale

Manchmal passiert das echte Leben! Du übst schon einige Wochen, dass dein Hund den Nachbarsfiffi nicht mehr anblökt, und plötzlich steht ausgerechnet dieser Hund auf deinem Spazierweg vor dir.

Oder du übst schon seit Wochen, dass dein Hund Besuch nicht mehr anspringt, aber dann kommt plötzlich der Lieblingsobersupermensch zu Besuch und dein Hund freut sich so, dass er nicht mehr ansprechbar ist.

Das sind die Situationen, in denen du natürlich mit den Schultern zucken und „Scheiß drauf“ sagen und deinen Hund so gut es geht unter Kontrolle bringen kannst. Das ist auch okay, wenn das wirklich selten passiert und niemand gefährdet wird. Allerdings birgt das eine Gefahr: Sobald so etwas mehr als „selten“ vorkommt, kann es sein, dass dein Hund anfängt zu differenzieren. Er merkt: „Manchmal darf ich komplett aus dem Hemd springen und manchmal üben wir.“

Er merkt also nicht, dass du es eigentlich gerne hättest, dass er sich immer gut benimmt. Immer! „Immer“ ist für deinen Hund auch viel einfacher zu begreifen als „Manchmal ja, manchmal nein“. Du weißt sicher, was Konsequenz ist. Hier brauchst du sie.

Stell dir mal vor, was wäre, wenn dein Hund immer wieder aus dem Hemd springt, wenn er den Nachbarshund sieht. Zehn Mal begegnet ihr euch. Vier Mal schaffst du es, die Situation so zu gestalten (du erinnerst dich an Management …), dass du üben kannst. Was glaubst du, wie groß deine Chance ist, deinen Hund dazu zu bringen, den Nachbars-Erzfeind nur anzuschauen und dann mit dir weiterzugehen?

Management ist die eine Sache. Das weißt du ja schon. Aber Management hilft halt „nur“ vorbeugend, damit dein Wauzel gar nicht erst in die Verlegenheit gerät, sich blöd benehmen zu müssen.

Wenn dein Hund aber trotz Management in eine Situation gerät, mit der er (noch) nicht umgehen kann und bereits so durch ist, dass an Training nicht zu denken ist, und er sich einen Dreck um deine Belohnungen schert, weil sein Hirn die gar nicht mehr wahrnehmen kann, dann ist es Zeit für Abbruchsignale.

UNERWÜNSCHTES VERHALTEN UNTERBRECHEN

Merke dir: Unerwünschtes Verhalten muss immer so schnell wie möglich unterbrochen werden! Gib deinem Hund nicht die Möglichkeit, sich immer wieder reinzusteigern. Unterbrich ihn, sobald du merkst, dass es jetzt gleich schiefgeht. Hilf ihm aus der Situation raus.
Deswegen kommen wir jetzt zu den Signalen, mit denen du deinen Hund auf möglichst nette Weise in seinem Tun unterbrechen kannst: zu den Abbruchsignalen.
Abbruchsignale sind Signale, mit denen du deinen Hund gut aus einer unangenehmen Situation raus- und wieder unter deine Kontrolle bringst. Das Abbruchsignal sollte aber einige Voraussetzungen erfüllen:

- Dein Hund sollte es richtig gut beherrschen.
- Er sollte es gerne ausführen.
- Es sollte für ihn superleicht durchführbar sein.
- Es bieten sich also Signale an, die leicht erlernbar sind und bei denen dein Hund nicht viel tun oder nachdenken muss.

Ein „Sitz“ würde z.B. sehr viele Situationen unterbrechen. Aber es könnte sein, dass dein Hund in den Situationen, in denen er sonst ausflippen würde, so angespannt ist, dass er sich gar nicht setzen kann. Ein Rückruf ist auch ein sehr gutes Unterbrechersignal, aber manchmal fällt es Hunden sehr, sehr schwer, sich von einem Reiz zu lösen und umzudrehen. Daher ist es gut, Verhalten zu wählen, die deinem Hund möglichst leichtfallen.

DILEMMA!

Eigentlich hättest du, wenn dein Hund aus dem Hemd springt, an dir hochhüpft, an der Leine zieht, ... gute Lust, ihm eins überzuziehen. Ist ja auch verständlich, denn sein Benehmen ist peinlich, gefährlich, unangenehm.

Aber:
Aber du weißt ja schon, dass das eine doofe Idee ist, gell? Falls nicht, blättere bitte nochmal zu dem Kapitel mit den Strafen zurück und lies dich nochmal ein.

Stopp ist ein nettes Abbruchsignal.

Zum Unterbrechen eines unewünschten Verhaltens bieten sich zwei Signale ganz besonders an:

1. „Stopp!!"

Das „Stopp!" ist selbsterklärend: Wenn du „Stopp!" rufst, soll dein Hund auf der Stelle stehen bleiben und sich nicht mehr rühren, bis du ihn eingesammelt hast oder sein Hirn wieder da ist, sodass er für andere Signale wie „Sitz" oder einen Rückruf wieder empfänglicher ist. Stopp ist ein nettes Abbruchsignal, da es für deinen Hund überhaupt nicht bedrohlich ist.

2. Geschirrgriff

Der Geschirrgriff ist ein besonderes Signal. Geschirrgriff bedeutet, dass du deinem Hund ankündigst, „Ich greife jetzt gleich in dein Geschirr und wir drehen gemeinsam um und gehen weg". Nach der Ankündigung greifst du in das Geschirr, ihr dreht gemeinsam um und geht weg. Die Ankündigung ist wichtig, damit dein Hund sich nicht erschreckt, sondern so viel Hirn aufbringen kann, dass er nach dem Signal schon stehen bleibt und auf deinen Griff ins Geschirr wartet. Ja, das ist möglich.

Der Geschirrgriff hilft dir, deinen Hund zu kontrollieren.

AUFBAU DES „STOPP!“ -SIGNALS

Beim Stopp sind mehrere Dinge wichtig:

- Eine schnelle Reaktion deines Hundes,
- dass er wirklich dort stehen bleibt, wo er gerade ist und nicht versucht, ohne dein Signal zu dir hin oder von dir weg zu laufen.

Für diese Übung brauchst du ein sicheres Gelände, auf dem du so viel Platz hast, dass du Leckerchen oder Spielzeug werfen kannst. Suche dir bitte ein Gelände, auf dem dein Hund sich sicher fühlt und nicht abgelenkt werden kann.
Falls du kein sicheres Gelände hast: eine längere Schleppleine, ein Geschirr und einen Ruckdämpfer. Achte darauf, dass du niemals eine Schleppleine an ein Halsband hängst, es sei denn, du bist scharf darauf, deinen Hund zu köpfen. Der Ruckdämpfer hilft dir und deinem Hund, einen unangenehmen Ruck zu vermeiden, falls du dich mit deiner Wurfweite mal verschätzt und dein Hund in die Leine rennt.
Und du brauchst gut fliegende, gut sichtbare Leckerchen. Es bieten sich hier größere Wurst- oder Käsestückchen an, die du etwas trockentupfen solltest, damit sie nicht an den Fingern kleben, wenn du werfen möchtest. Oder gut fliegendes Spielzeug, das eine verlässliche Flugbahn einhält und nicht wild in der Gegend rumspringt (der Nachteil an Spielzeug: Die Belohnung dauert länger als mit Futter, sodass du weniger Wiederholungen durchführen kannst).
Einen Clicker, ein Markerwort oder ein dickes Lob. Weißt du, was ein Clicker/Markerwort ist? Das ist ein Geräusch/ein Wort, das deinem Hund sagt „Gut gemacht, jetzt kommt eine Belohnung“. Der Vorteil ist, dass dein Timing mit Clicker oder Markerwort im Training sehr gut ist. Wenn dein Hund den Clicker/das Markerwort bereits kennt, nutze das in dieser Übung. Wenn nicht: Du findest im Anhang weitere Buch- und Videoempfehlungen zum Thema „Clicker/Marker“. Du kannst stattdessen deinen Hund richtig dolle loben. Da ist das Timing zwar ein wenig schwieriger, aber es funktioniert trotzdem. Probier's einfach aus.

Was du für dein Stopp-Signal brauchst: Leine, Ruckdämpfer, Geschirr, Leckerchen, Spielzeug, Clicker.

Der erste Schritt: Werfen

Als Erstes testest du, wie wurfsicher du mit deinem Equipment bist. Wirf deinem Hund dein Leckerchen/dein Spielzeug zu. So wie bei einem Basketball-Korbwurf, also über Kopf. So kann dein Hund besser erkennen, dass er etwas zugeworfen bekommt. Welche Entfernung kannst du locker überbrücken? Ab welcher Entfernung wirst du unsicher und triffst nicht mehr richtig? Ab welcher Entfernung kann dein Hund nicht mehr erkennen, dass du ihm ein Leckerchen zuwirfst? Teste aus und merke dir die Entfernung, mit der du am sichersten werfen kannst und bei der dein Hund am sichersten sieht, dass von dir etwas geflogen kommt. Du bewegst dich mit deinem Hund über dein sicheres Gelände oder hast deinen Hund an der Schleppleine.

Teste zuerst deine Wurfkompetenz!

Warte, bis dein Hund nur ganz wenig abgelenkt ist, also zum Beispiel kurz an einer Schnüffelstelle stehen bleibt. Nimm die Entfernung zu deinem Hund ein, die du vorhin als „zuverlässig" eingestuft hast, und nimm dein gut fliegendes Leckerchen/Spielzeug in die Hand, ohne dass dein Hund es merkt.

Jetzt rufst du freundlich „Stopp!" Da dein Hund nur leicht abgelenkt ist, wird er ziemlich sicher neugierig den Kopf in deine Richtung wenden. Das ist der Moment, auf den du gewartet hast. Jetzt ist dein Timing gefragt. Sobald Fiffi den Kopf in deine Richtung streckt, clickst/markerst/lobst du ganz feste und dann Achtung: Du nimmst deinen Arm mit dem Leckerchen/Spielzeug hoch für deinen Überkopf-Basketballwurf. So weiß dein Hund, dass jetzt gleich etwas geflogen kommt, denn das hat er ja bereits bei der Vorübung gelernt. Er bleibt also stehen und wartet darauf, dass die Belohnung zu ihm geflogen kommt. Jetzt wirfst du.Wichtig: Wirf die Belohnung so, dass dein Hund entweder locker stehen bleiben und das Leckerchen/Spielzeug gleich aus der Luft fangen kann. Oder du wirfst, falls dein Hund das nicht kann, das Leckerchen/Spielzeug hinter (!) deinen Hund. Es gibt nur einen Fehler, den du beim Werfen machen kannst: Du wirfst das Leckerchen/Spielzeug vor deinen Hund. So lernt er nur, dass er in deine Richtung gelaufen kommen soll, wenn du „Stopp!" rufst. Genau das wollen wir aber nicht, weil das „Zu-dir-Kommen" in den superschwierigen Situationen, in denen du das Signal später nutzt, ja für das Hundehirn viel schwerer durchzuführen ist, als einfach nur stehen zu bleiben und als Unterbrecher wollen

wir etwas, was für deinen Hund möglichst simpel durchzuführen ist. Daher: Wenn dein Hund nicht fangen kann (oder du nicht zielgenau genug werfen kannst), wirfst du das Leckerchen/Spielzeug hinter deinen Hund, um eine Bewegung in deine Richtung hin zu verhindern.

Was kann in diesem ersten Schritt schiefgehen?

1. Es könnte sein, dass dein Hund überhaupt nicht reagiert, wenn du rufst.
   Das liegt meistens daran, dass Fiffi zu sehr abgelenkt ist durch gute Gerüche oder etwas Superinteressantes, was er gerade sieht oder hört.
   Sollte das der Fall sein, suche dir zunächst eine Umgebung, die weniger Ablenkungen zu bieten hat, sodass du und deine Belohnungen das Tollste sind, was dein Hund in diesem Moment finden kann.
2. Dein Hund kommt auf dich zugelaufen, wenn du rufst.
   Das bedeutet, dass du deine Belohnung entweder zu spät geworfen hast, nämlich erst dann, wenn dein Hund schon in deine Richtung gerannt kommt. Oder es kann sein, dass du deine Belohnung vor und nicht zum oder hinter den Hund geworfen hast.
   Achte darauf, dass du nicht erst in deiner Tasche kramen musst, um die Belohnung hervorzuholen. Und achte ebenfalls darauf, die Belohnung zu deinem Hund oder hinter ihn zu werfen, damit sein Vorwärtsdrang gestoppt wird.

Erst „Stopp!", dann werfen.

Lächle, wenn du rufst!

3. Dein Hund sucht ewig am Boden nach seiner Belohnung.
   Es kann sein, dass dein Hund jedes Mal, wenn du etwas wirfst, am Boden schnuppert und erst einmal ewig sucht, bis er seine Belohnung gefunden hat. Das stört den Trainingsfluss erheblich! Achte unbedingt darauf, dass du die Belohnung so wirfst, dass dein Hund sie sofort findet.
   Das kann bedeuten, dass du keine Leckerchenkrümel wirfst, sondern größere, gut sichtbare Brocken. Achte darauf, dass die Brocken sich gut vom Untergrund, auf dem du trainierst, unterscheiden. Wenn du ein Spielzeug wirfst, dann entscheide dich für eins, das nicht hüpft, sondern gut zu fangen ist oder einfach am Boden liegen bleibt.

   Und noch ein Pro-Tipp: Beginne dein Training immer so, dass du dabei in die Sonne schaust. Das heißt nämlich, dass dein Hund die Sonne im Rücken hat. Wir tendieren dazu, uns immer so hinzustellen, dass es für uns am angenehmsten ist, sprich: So, dass wir nicht geblendet werden. Wenn allerdings dein Hund geblendet wird, wenn du „Stopp!" rufst und er zu dir schaut, wird er entweder direkt wieder wegschauen oder er kann die fliegende Belohnung gar nicht erkennen. Achte also darauf, dass du deinen Hund nicht in die Sonne schauen lässt, wenn du rufst.
4. Dein Hund springt erschrocken zur Seite, wenn du „Stopp!" rufst.
   Auch das habe ich schon einige Male erlebt. Der Grund war immer

derselbe: ein harscher Befehlston, der deinen Hund zusammenzucken lässt und bei dem er sich duckt, weil er bei diesem Tonfall von dir nichts Gutes erwartet. Ich schrieb oben, dass du „Stopp!" freundlich rufen sollst.

Lächle, während du rufst. Wir tendieren sehr schnell dazu, ein Signal als „Kommando" anzusehen und dementsprechend unfreundlich loszupoltern. Wenn dein Hund diesen Tonfall schon kennt, wird er sicherlich nicht neugierig zu dir aufschauen, sondern eher versuchen, dir auszuweichen. Damit wäre aber genau das Gegenteil von dem erreicht, was du eigentlich erreichen wolltest. Daher: Freundlich bleiben! Im späteren Training kannst du, wenn dein Hund das Signal schon sehr gut kennt und mag, auch mal gespielt panisch oder streng rufen. Im Ernstfall wird dein Tonfall ziemlich sicher nicht so superfreundlich sein wie im Training. Darauf kannst du deinen Hund gezielt vorbereiten, damit er lernt, dass auch dann nichts Schlimmes passiert, wenn du mal losbellst. Aber beginne dein Training immer so, dass dein Hund sich sehr, sehr wohlfühlt, und verbinde dein Signal mit einem Gefühl von Spaß und Sicherheit.
Wiederhole diesen ersten Schritt noch ein paar Mal. Übe so lange (über den Tag verteilt immer mal wieder zwei bis drei Minuten), bis dein Hund, wenn du „Stopp!" rufst, zu dir aufschaut und sicher stehen bleibt, ohne zu dir gelaufen zu kommen. Erst wenn das funktioniert, gehst du weiter zum nächsten Schritt.

Nächster Schritt: Ohne Leckerchen/Spielzeug in der Hand

Du suchst dir wieder eine ablenkungsarme Umgebung und hast gut fliegende, sichtbare Leckerchen und/oder Spielzeug bei dir.
Warte, bis dein Hund ein klein wenig abgelenkt ist und gerade nicht zu dir herschaut. Rufe wieder freundlich „Stopp!". Das kennst du schon. Aber statt sofort zu markern/loben und zu werfen, wenn dein Hund dich anschaut, nimmst du nach dem „Stopp!", wenn dein Hund zu dir schaut, den leeren Arm nach oben. Du hast also kein Leckerchen/Spielzeug in der Hand, sondern tust so, als wolltest du werfen. Dein Hund wird das fliegende Leckerchen/Spielzeug erwarten und stehen bleiben. Wenn nicht, übst du noch etwas länger den ersten Schritt. Bleibt dein Hund stehen, wenn du „Stopp!" rufst und den Arm hebst? Prima! Dann greift du jetzt schnell zu deinem Leckerchen/Spielzeug und wirfst es mit deinem Basketballwurf. So wie du das bereits kennst.
Auf diese Weise verlängerst du die Zeit, die dein Hund stehen bleibt und wartet. Greife, wenn dein Hund zuverlässig stehen bleibt, immer langsamer zum Leckerchen/Spielzeug, sodass dein Hund immer länger stehen bleibt und auf die Belohnung wartet.

Nächster Schritt: Zum Hund gehen

Zu diesem Schritt gehst du erst über, wenn dein Hund, während du laaaaaaangsam zum Leckerchen/Spielzeug greifst, immer noch ruhig stehen bleibt und darauf wartet, dass du ihm etwas zuwirfst.

Du wartest, bis dein Hund leicht abgelenkt ist, und rufst dann freundlich „Stopp!". Das kennst du ja schon. Dieses Mal markerst/lobst du aber noch nicht und du hebst deinen Arm nicht und du wirfst auch nichts. Stattdessen lobst du deinen Hund ganz lieb, aber nicht so dolle, dass er auf dich zugesprungen kommt. Das braucht ein wenig Fingerspitzengefühl. Probiere einfach aus, welche Art Lob deinen Hund freut, aber dennoch ruhig stehen bleiben lässt. Da ist jeder Hund anders. Das Loben ist wichtig, damit dein Hund nicht verunsichert ist, weil seine Belohnung etwas auf sich warten lässt. Er soll und muss wissen, dass er gerade etwas richtig macht. Während du lobst, gehst du auf deinen Hund zu. Bist du bei deinem Hund angekommen, ist das der Moment, in dem du markerst/ganz dolle enthusiastisch lobst, denn dein Hund hat etwas Wichtiges gelernt: Wenn er „Stopp!" hört, bleibt er wie eingefroren stehen und wartet darauf, dass du ihn einsammelst oder ein anderes Signal gibst. Hervorragend! Nach dem Marker/ganz dollen Lob darfst du deinen Hund jetzt ausgiebig und besonders gut füttern oder mit ihm ein wildes Zerrspiel spielen, wenn er das mag. Jetzt magst du dich vielleicht fragen, warum du den Arm nicht mehr heben sollst. Du lässt den Arm weg, damit dein Hund den erhobenen Arm nicht automatisch als Teil des Signals mitlernt. Wenn du das Notfallsignal ver-

Erst „Stopp!", dann leere Hand, dann werfen.

1

2

1 Nähere dich deinem Hund an, während er stoppt.

2 Falls nötig: Leine deinen Hund nach dem Stoppen an.

wendest, ist es ziemlich wahrscheinlich, dass dein Hund in diesem Moment so abgelenkt ist, dass er von dir weg- und woanders hinschaut und dann nimmt er deinen Arm gar nicht mehr wahr. Er sollte also tunlichst lernen, dass es auf dein Wort und nicht nur auf den erhobenen Arm ankommt. Und das bringst du ihm gerade bei. Klappt das? Prima! Dann gehst du bei den nächsten Wiederholungen hin und stellst dich nicht nur neben deinen Hund, sondern leinst ihn sogar an. Falls er während der Übung aus Sicherheitsgründen eh schon an der Schleppleine war, tust du so, als würdest du ihn noch einmal anleinen. Er soll es als selbstverständlich und angenehm empfinden, wenn du auf ihn zugehst und ihn anleinst. Der Marker/das dolle Lob erfolgt dann in dem Moment, in dem du den Karabiner in das Geschirr einhängst. Danach darfst du wieder dolle füttern/spielen und Dinge mit deinem Hund machen, die er megagenial findet! Wiederhole das, bis dein Hund nach deinem „Stopp!" still stehen bleibt und wartet, bis du zu ihm gegangen bist.

Was kann hier schiefgehen

Es könnte passieren, dass dein Hund noch nicht verstanden hat, dass „Stopp!" bedeutet: „Stehen bleiben, nicht mehr rühren und auf weitere Anweisungen warten". Es könnte also passieren, dass er auf dich zugelaufen kommt, wenn du dich auf ihn zubewegst.

Sollte das der Fall sein, übe zunächst mit einem sehr geringen Abstand zwischen deinem Hund und dir. Wähle den Abstand so gering, dass du nach dem „Stopp!" schnell bei deinem Hund bist, um ihn zu belohnen. So schnell, dass er gar nicht erst zu dir gelaufen kommt. Klappt auch das nicht, wiederhole die ersten Schritte noch einmal,

Übe beim Spaziergang.

bis dein Hund wirklich zuverlässig stehen bleibt, auch wenn du nur gaaaaanz langsam nach den Leckerchen/dem Spielzeug greifst.

Grundsätzlich gilt: Immer, wenn du merkst, dass etwas nicht funktioniert, gehst du ein, zwei Schritte im Training zurück. Scheue dich nie davor, etwas, was eigentlich schon recht gut funktionierte, noch einmal zu wiederholen und zu vertiefen. Lernen ist kein gradliniger Prozess, sondern ein Auf und Ab und das ist völlig in Ordnung so. Sei geduldig mit dir und deinem Wuffel.

Nächster Schritt: Aus der Bewegung heraus

Dein Hund bleibt nach deinem „Stopp!"-Signal zuverlässig stehen und wartet darauf, dass du zu ihm gehst? Prima, dann kannst du einen Schritt weitergehen. Jetzt übst du das Ganze, während ihr euch bewegt. Bisher hast du ja immer gewartet, bis dein Hund leicht abgelenkt war und zum Beispiel an einer Stelle rumgeschnüffelt hat. Jetzt gehst du auf deinen Spazierweg. Suche ein Wegstück, auf dem die Ablenkungen noch sehr gering sind, auf dem ihr euch normalerweise aber gehend vorwärtsbewegt, sprich: Ein Gehstück, bei dem dein Hund nicht alle 30 Zentimeter stehen bleiben und alles abschnuppern muss. Da du jetzt ein Kriterium (Bewegung) neu einführst, machst du die Übung wieder etwas leichter. Das heißt, dass du jetzt wieder dein Leckerchen/Spielzeug von deinem Hund unbemerkt wieder in die Hand nimmst, damit du schneller reagieren kannst.

Wenn ihr euch gemeinsam vorwärtsbewegt und dein Hund gut drauf ist, rufst du wieder freundlich „Stopp!" und bleibst stehen. Nach all den Übungseinheiten, die ihr bereits hinter euch habt, sollte dein Hund vielleicht kurz nachdenken, dann aber stehen bleiben.

Wenn er das tut, markerst/lobst du wieder und wirfst ihm dein Leckerchen/Spielzeug zu, damit er für diese tolle Leistung schnell belohnt wird. Wiederhole das einige Male.

Und wenn das gut funktioniert, dann übst du weiter, indem du während der nächsten Wiederholungen wieder nur so tust, als ob du etwas wirfst und bei den darauffolgenden Wiederholungen wieder zu deinem Hund gehst und ihn anleinst. Du gehst also die bisherigen Schritte Stück für Stück noch einmal durch, bis du auch draußen in Bewegung deinen Hund stoppen, hingehen und ihn anleinen kannst.

Nächster Schritt: Ablenkungs- und Belohnungsliste nutzen

Jetzt ist es endlich so weit! Bisher hast du sehr ablenkungsarm gearbeitet, damit Fiffi lernen kann, dass „Stopp!" bedeutet, dass er stehen bleiben, sich nicht mehr rühren und auf weitere Anweisungen warten soll.

Das soll nicht nur funktionieren, wenn deine ganze Ablenkung aus sich sachte im Wind bewegenden Grashalmen besteht, sondern auch dann, wenn plötzlich jemand ums Eck kommt oder eine Katze deinen Weg kreuzt.

Du erinnerst dich an die Ablenkungs- und die Belohnungsliste? Schau in deiner Ablenkungsliste nach, welche ganz einfachen Ablenkungen du nutzen kannst. Ist es vielleicht so, dass dein Nachbar jeden Tag um 14 Uhr von der Arbeit kommt und dein Hund das wahrnimmt? Dann geh mit deinem Hund um kurz vor zwei draußen spazieren und warte, bis er das Auto deines Nachbarn sieht. In dem Moment rufst du „Stopp!" und wenn dein Hund, weil die Ablenkung ja nicht so riesig ist, dann stehen bleibt und darauf wartet, dass du zu ihm gehst und ihn belohnst, dann freust du dich bitte anständig und belohnst deinen Hund für diese tolle Leistung!

Bei der Gelegenheit kannst du auch in deine Belohnungsliste schauen und nachforschen, ob du zur Abwechslung andere Leckerchen oder fliegende Dinge als Belohnung nutzen kannst als die, die du in den letzten Tagen genutzt hast.

Es kann passieren, dass dein Hund anfangs mit Feuereifer bei der Sache ist, aber nach wenigen Tagen auf einmal so gar kein Interesse mehr an dieser Übung hat. Bitte vergiss nie, dass so ein Signal, auch wenn es sehr nett aufgebaut ist, deinen Hund immer in dem unterbricht, was er eigentlich tun wollte. Das kann ihn

> **WICHTIG**
>
> Immer, wenn du merkst, dass etwas schiefläuft, gehst du wieder einen Schritt in deinem Plan zurück und setzt dort wieder ein, wo es noch gut funktioniert hat.

Baue Ablenkungen ein!

auf Dauer ziemlich nerven. Achte daher darauf, dass du das Befolgen deiner Signale honorierst und die Signale auch nicht über Gebühr strapazierst. Nutze sie im Training, um sie aufzufrischen, und dann, wenn du sie brauchst, aber bitte nicht ständig und überall. Und mache sie interessant! Ab und zu ist es Zeit, mal die Belohnungen zu checken und zu schauen, ob sie für deinen Hund überhaupt wirklich belohnend sind. So wird's nicht langweilig und dein Hund hat das Gefühl, dass es sich für ihn so richtig lohnt, auf das „Stopp!" zu reagieren.

Verbringe die nächsten Tage damit, dich zunächst durch die leichten Ablenkungen auf deiner Liste zu arbeiten. Klappt das? Prima! Dann gehst du zu den mittleren Ablenkungen über. Überlege, in welchen Situationen das „Stopp!" besonders gut funktionieren muss, und arbeite dich sachte immer näher an diese Situationen heran.

Achte dabei auch darauf, dass du mal mit und dort, wo es möglich ist, auch mal ohne Leine arbeitest. Achte darauf, dass du nicht nur „Stopp!" rufst, wenn dein Hund sich gerade sehr langsam bewegt, sondern auch dann, wenn er so richtig in Bewegung ist und losgaloppiert. Variiere auch die Entfernung zwischen dir und deinem Hund und die Entfernung zwischen deinem Hund und der Ablenkung. Sprich: Variiere deine Übungseinheiten so stark, dass dein Hund nicht nur unter ganz bestimmten, immer gleichen Bedingungen auf dein „Stopp!" reagiert. Das ist menschlich, denn wir Menschen sind Gewohnheitstiere. Übe so mit deiner Ablenkungsliste, dass du deinen Hund jederzeit und überall stoppen kannst! Genau dafür ist die Liste da. Nutze sie!

Damit hast du ein Signal, mit dem du deinen Hund jederzeit dazu bringen kannst, sofort einzufrieren und sich nicht mehr zu rühren. Das ist ein sehr wirkungsvoller Unterbrecher, weil dein Hund nichts Besonderes tun muss. Er muss einfach nur stehen bleiben. Das kann jeder Hund! Du musst ihm nur sagen, wann.

Das brauchst du: Geschirr, Leckerchen, Leine

AUFBAU DES GESCHIRRGRIFFS

Ein zweites, sehr wirkungsvolles Abbruchsignal ist der Geschirrgriff: Du gibst deinem Hund das Signal „Geschirr" und fasst danach in sein Geschirr. Danach dreht ihr euch um 180 Grad gemeinsam um und du führst ihn am Geschirr aus einer unangenehmen Situation heraus. So kannst du mit dem Geschirrgriff das Hinschauen zu einem Reiz unterbrechen und gleichzeitig mehr Abstand aufbauen, sodass dein Hund sich wieder etwas beruhigen kann. Der Geschirrgriff wird so freundlich und freudig aufgebaut, dass dein Hund darauf sehr schnell und mit einem guten Gefühl reagiert.

Was du für diese Übung brauchst:

- Einen Hund mit einem Geschirr.
  Is klar, ne? Du kannst aber auch ein breites Halsband nutzen, wenn dein Hund ein Halsband trägt. Achte aber bitte darauf, dass du, falls du in einer Übung eine Schleppleine benutzen möchtest, diese niemals am Halsband, sondern immer nur an einem gut sitzenden Brustgeschirr verwendest. Du möchtest deinen Hund ja noch eine Weile behalten.
- Leckerchen oder andere Belohnungen aus deiner Belohnungsliste.
  Achte darauf, dass du sie gut erreichen kannst und nicht lange fummeln musst, um sie aus irgendeiner Tasche zu pfriemeln.
- Eine Leine.
  Nimm anfangs eine kurze Leine, das macht die Koordination ein wenig leichter. Später kannst du auch mit Schleppleine üben.

AUFGEPASST!

Für manche Hunde ist der Geschirrgriff als Unterbrechersignal nicht gut geeignet. Das gilt für die, die sich sehr leicht erschrecken und dann dazu tendieren, nach ihrem Halter zu schnappen. Sollte dein Hund also zu den Kandidaten gehören, die sich sehr leicht reinsteigern und dann auf Berührungen sehr unwirsch reagieren, dann bleibe entweder beim „Stopp!" als Unterbrechersignal oder baue den Geschirrgriff nur zusammen mit einem Trainer/einer Trainerin auf, der/die sich damit gut auskennt.

Der erste Schritt: Ankündigen und Anfassen

Dieser erste Schritt ist der wichtigste Schritt der ganzen Übung. Als Erstes übst du nämlich, dass sich dein Hund von dir am Geschirr anfassen lässt, mehr nicht. Viele Hunde weichen ganz instinktiv erst einmal aus, wenn jemand nach ihrem Geschirr fasst. Das ist auch kein Wunder, denn überlege mal, wann du deinen Hund ans Geschirr fasst: Wenn du ihn festhalten oder ihn irgendwo hin- oder von etwas wegziehen möchtest, oder? Der Griff ans Geschirr ist also für die meisten Hunde eher unangenehm verknüpft. Und bringst du deinem Hund bei, dass es nichts zu befürchten gibt, wenn du das Signal „Geschirr" gibst. So hören die Ausweichtendenzen deines Hundes auf und dein Hund hält ganz still, wenn er dein Wortsignal hört, und wartet schon darauf, dass du ins Geschirr greifst.

Du beginnst zunächst ohne Leine, das ist einfacher. Ziehe deinem Hund das Geschirr über und halte Belohnungen so bereit, dass du sie ohne Fummelei gut erreichen kannst.

Jetzt stellst du dich so neben deinen Hund, dass ihr gemeinsam in eine Richtung schaut. Es ist egal, ob dein Hund steht oder sitzt. Du gibst das Signal „Geschirr" (oder ein anderes Wort deiner Wahl). Während du das Signal gibst, bleibst du ganz ruhig aufrecht stehen und greifst noch nicht in das Geschirr, sondern lässt deine Hände einfach bei dir. Zähle nach deinem Signal in Gedanken leise „Einundzwanzig". Das heißt: Du wartest eine Sekunde, nachdem du dein Signal gegeben hast. So wird das Signal zu einer Vorwarnung und dein Hund erschreckt sich nicht.

Nachdem du in Gedanken „Einundzwanzig" gezählt hast, greifst du mit der Hand, die am nächsten am Hund dran ist, in Richtung seines Geschirrs. Lege deine Finger sanft in den Gurt. Wo du ins Geschirr fasst, ist nicht so wichtig. Du kannst seitlich am Hals ins Geschirr fassen, am Rückensteg oder auch am seitlichen Bauchgurt. Fasse deinen Hund da, wo du ihn gut fassen kannst, ohne ihm Haare einzuklemmen und ohne dass er dich von den Füßen holt, sollte er später mal

1 Stelle dich neben deinen Hund.

1

einen Satz nach vorne machen, weil er gerade den Nachbarslumpi verbellt. Ich bevorzuge es, den Hund am seitlichen Halsgurt zu fassen, weil er dann gleich weiß, ich welche Richtung wir uns als Nächstes bewegen. In dem Moment, in dem deine Finger das Brustgeschirr berühren, clickst/markerst/lobst du ganz dolle, greifst mit der anderen Hand nach deinem Leckerchen und fütterst deinen Hund, während deine Finger noch im Geschirr liegen. Wenn dein Hund zu Ende gefressen hat, lässt du das Geschirr wieder los.

Wiederhole das einige Male. Greife nur so weit, wie du merkst, dass dein Hund es noch aushalten kann, ohne dir ausweichen zu wollen. Lehnt sich dein Hund zur Seite, war es schon zuviel. Fasse in diesem Fall nicht weiter ins Geschirr, sondern einfach nur ein wenig in Richtung des Geschirrs. Clicke/markere/lobe dafür, dass du deine Finger in Richtung des Geschirrs halten kannst. Wiederhole das einige Male, indem du dich dem Geschirr immer weiter annäherst, bis du schließlich deine Hand ganz in das Geschirr legen kannst.

WICHTIG!

Ziehe nicht am Geschirr! Dein Hund soll sich sehr wohl fühlen und nicht das Gefühl haben, von dir aus dem Gleichgewicht gebracht zu werden. Lass deine Finger nur locker am Gurt liegen.

2

2 Lege deine Finger in den Gurt.

1

Der nächste Schritt: Mitnehmen

Beginne mit diesem Schritt, wenn du merkst, dass dein Hund, wenn du „Geschirr" sagst, ohne auszuweichen ganz stillhält, seinen Kopf schon zu dir dreht, weil er die Belohnung erwartet und ruhig darauf wartet, dass du in sein Geschirr greifst. Jetzt geht es darum, dass dein Hund nicht nur ruhig stehen bleibt, sondern sich mit dir um 180 Grad herumdreht und aus einer Situation weggeht, während du ihn am Geschirr hältst.

Jetzt sagst du wieder „Geschirr" und greifst in das Geschirr. Jetzt erhält dein Hund aber nicht wie bisher sofort deine Belohnung, sondern du wendest dich ein wenig zur Seite und machst einen Schritt nach hinten. Wenn du rechts vom Hund stehst, wendest du dich nach rechts, wenn du links vom Hund stehst, wendest du dich nach links. Lass bei deinem Abwenden bitte deinen Arm ganz lang. Zieh nicht am Hund, sondern gib ihm durch deine Körpersprache nur zu verstehen, dass du jetzt deine Gehrichtung wechselst. Da dein Hund eine Belohnung von dir erwartet, ist die Wahrscheinlichkeit ziemlich groß, dass er sich jetzt ganz zu dir wendet und sich in deine Richtung dreht.

> **WICHTIG**
>
> Auch hier wird nicht am Hund rumgezogen. Er soll von Anfang an lernen, dass er sich freiwillig und gerne in deine Richtung bewegt. Später wird es sicher mal Situationen geben, in denen du deinen Hund mitziehen musst. Wenn du von Anfang an darauf achtest, Fiffi für Freiwilligkeit zu belohnen, wirst du auch in brenzligen Situationen nicht allzu stark ziehen müssen, weil dein Hund es gewohnt ist, freiwillig mitzugehen.

2

Wenn das der Fall ist, machst du noch einen Schritt nach hinten und feuerst deinen Hund freundlich an, dir zu folgen. Du kannst zum Beispiel „Geh mit“ sagen oder „Komm, auf geht's!“. Etwas, was ihn dazu bringt, sich in deine Richtung zu bewegen.
Wenn er den ersten Schritt in deine Richtung macht, clickst/markerst/lobst du. Gib ihm aber noch nicht jetzt die Belohnung, sondern geh erst noch zwei, drei Schritte weiter, lobe dabei ganz dolle, greife dann in deine Tasche und gib ihm dann seine Belohnung. Nach der Belohnung lässt du das Geschirr wieder los. Anfangs führst du deinen Hund nur zwei, drei Schritte weit. Wenn das gut funktioniert, baust du die Entfernung auf bis zu zehn Meter oder mehr aus, sodass du deinen Hund später ganz kontrolliert aus unangenehmen Situationen herausführen kannst.

Der nächste Schritt: Mit Leine und dem sich bewegenden Hund

Jetzt ist es so weit: Du hakst die Leine ein. Jetzt weißt du bereits, mit welcher Hand du nach deinem Hund greifst. Merke dir: Die Leine gehört in die andere Hand. Die Hand, mit der du deinen Hund greifst, sollte frei sein, damit du sicher und fest greifen kannst. Übe den Ablauf ein paar Mal mit der Leine in deiner Hand. Das gibt oft erst einmal Kuddelmuddel. Das ist normal. Nach ein paar Wiederholungen wirst du merken, wie du routinierter wirst und Leine und Geschirr gut greifen kannst.
Klappt das? Perfekt. Dann bringst du deinen Hund jetzt in Bewegung. Leine ihn an und geh ein paar Schritte mit ihm spazieren. Achte darauf, dass du nicht mehr als zwei, drei Schritte von ihm entfernt bist. Passe einen Moment ab, in dem dein Hund nicht

1 Wende dich zur Seite, ohne zu ziehen.

2 Führe deinen Hund vorsichtig mit dir.

MERKE
Du übst für den Notfall und nicht im Notfall!

allzu sehr abgelenkt und die Leine noch locker ist. Gib dein „Geschirr"-Signal. Wenn du bisher fleißig geübt hast, wird dein Hund stehen bleiben und sich zu dir herumdrehen, weil er auf den Griff ins Geschirr wartet. In diesem Fall gehst du zu ihm, fasst in sein Geschirr und ihr dreht gemeinsam um (immer daran denken: Nicht ziehen!) und geht ein paar Schritte in die entgegengesetzte Richtung. Clicke/markere/lobe, sobald ihr ein paar Schritte gemeinsam gegangen seid. In diesem Schritt belohnst du also für die fertige Übung und nicht mehr für Zwischenschritte. Belohne Fiffi ganz besonders großzügig. Wiederhole das einige Male. Funktioniert das gut? Wenn nein, geh in deinem Training zu dem Schritt zurück, an dem du noch problemlos üben konntest. Baue von da aus neu auf und nimm dir Zeit. Wenn die Übung funktioniert, erhöhst du die Entfernung zu deinem Hund.
Jetzt sagst du nicht mehr „Geschirr", wenn du zwei, drei Schritte von ihm entfernt stehst, sondern du wartest, bis sich dein Hund etwas mehr von dir entfernt hat. Den Ablauf kennst du ja schon: „Geschirr" sagen – dein Hund bleibt stehen und dreht sich zu dir herum – du gehst zu ihm und greifst in sein Geschirr – ihr dreht gemeinsam um und geht ein paar Meter – du markerst/clickst/lobst deinen Hund und belohnst ihn.
Es kann passieren, dass dein Hund dir schon auf halbem Weg entgegenkommt, weil er die Belohnung kaum abwarten kann. Das ist völlig okay. Greife dann dennoch in sein Geschirr und gehe mit ihm gemeinsam noch ein paar Schritte. Danach belohnst du. Fasse aber auf jeden Fall in das Geschirr, denn dein Hund soll wissen, dass nach „Geschirr" wirklich immer die Hand ins Geschirr greift. Das ist für die Situationen wichtig, in denen du wirklich reinfassen und ihn mitnehmen musst.

Übe im Wald

Der nächste Schritt: Unter Ablenkung

Mit der Ablenkungsliste kennst du dich ja schon aus. Suche nun gezielt die Ablenkungen auf, die auf deiner Liste unter „leicht" stehen und übe den Geschirrgriff. Nachdem du in den nächsten Wochen alle leichten Ablenkungen durchprobiert hast, gehst du zu den mittleren Ablenkungen über. Und so weiter und so fort. Dazu gehört Trainingsfleiß, aber je besser du dich vorbereitest, umso besser bist du für den Ernstfall gerüstet.

Übe, wenn dein Hund stark abgelenkt ist

Der nächste Schritt: Der Notfall

Und nun ist es so weit: Du hast gepennt und nicht rechtzeitig reagiert und ihr seid noch mitten im Training, sodass dein Hund sein Alternativverhalten noch nicht selbstständig zeigen kann. Deine Signale prallen völlig ab. Das heißt also: Dein Hund springt aus dem Hemd, weil der Nachbarsfiffi um die Ecke linst. Er schreit, weil ein Eichhörnchen ihm den Stinkefinger gezeigt hat und dann abgehauen ist. Er buddelt sich ins Nirwana, weil er so ein fantastisches Mauseloch gefunden hat. Und nun?

Zeit für den Geschirrgriff, um deinen Hund aus dieser Situation herauszuholen und für etwas mehr Abstand und damit für mehr Ansprechbarkeit zu sorgen.

Voraussetzung: Dein Hund ist angeleint. Wir hatten bereits über Management gesprochen, gell? Ist dein Hund jetzt weg und tief im Wald oder prügelt sich gerade mit dem Nachbarshund, kannst du nur noch Schadensbegrenzung betreiben. Ist dein Hund aber angeleint, kannst du ihm helfen.

Du gibst das Signal „Geschirr". Wenn ihr das schon oft genug geübt habt, ist die Wahrscheinlichkeit groß, dass dein Hund mal kurz die Bremse reinhaut.

Tut er das nicht, nimmst du die Leine auf und hältst sie auf Spannung. Zieh deinen Hund aber nicht einfach zu dir her, denn das könnte dazu führen, dass du ihn aus dem Gleichgewicht ziehst und er sich deswegen gegen deinen Zug stemmt. Das sorgt aber automatisch dafür, dass dein Hund eine Tendenz „von dir weg" hat und nicht „zu dir hin" und damit machst du es dir unnötig schwierig, deinen Hund aus der Situation zu bringen. Also: Halte die Leine auf Spannung, damit

Im Notfall: zieh ihn vorsichtig mit

dein Hund nicht einfach weiterlaufen kann, aber rucke ihn nicht zu dir her. Stattdessen gehst du zu deinem Hund. Nimm dabei die Leine Stück für Stück auf, damit dein Hund, während du zu ihm gehst, nicht weiter vorpreschen kann.
Dreht er sich dabei zu dir um, weil er merkt, dass du zu ihm gehst: Spitze! Clicke/markere/lobe dieses Verhalten, greife in sein Geschirr, führe ihn so weit raus aus der Situation, wie er braucht, um sich wieder etwas zu beruhigen, und belohne ihn dann.
Reagiert er nicht, stellst du dich neben ihn und fasst dann in sein Geschirr. Sollte er dann immer noch nicht mitgehen, ziehst du ihn vorsichtig mit. Das ist leichter und sicherer als an der Leine, weil du nun näher am Hund bist und ihn so besser lenken kannst und er die Situation schon aus dem Training kennt. Aber Achtung: Achte beim Mitziehen unbedingt darauf, dass dein Hund nicht aus dem Gleichgewicht kommt. Rucke nicht am Geschirr herum, sondern übe einen sanften, gleichmäßigen Zug aus, während du dich Schritt für Schritt zusammen mit deinem Hund in die entgegengesetzte Richtung raus aus der Situation bewegst.
Feuer deinen Hund an, während ihr aus der Situation geht. Lobe ihn für jeden Schritt, den er mitgeht, auch wenn er geistig und körperlich noch nicht wieder ganz bei dir ist. Hilf ihm, sich wieder auf dich zu konzentrieren und das, was ihn so aufregt, ein wenig loslassen zu können.
Sobald sich dein Hund von der Situation abwendet und mit dir mitgeht, lässt du sofort den Zug am Geschirr wieder nach. Lobe deinen Hund ganz, ganz dolle, aber lass die Hand noch so lange im Geschirr, bis du sicher bist, dass er sich nicht einfach wieder umdreht und noch einmal loslegt.
Bist du weit genug weg, lobe deinen Hund und belohne ihn auch ein wenig. Nicht so dolle gut, wie du ihn belohnen würdest, wenn er sofort auf deine Signale reagiert hätte, aber er ist ja doch mitgekommen, auch wenn nicht ganz freiwillig. Das ist eine kleine Belohnung wert.

ABBRUCHSIGNALE RICHTIG ANWENDEN

Achtung, jetzt kommt ein Knackpunkt! Auch bei den Abbruchsignalen möchtest du keine Müllverkettung haben. Unterbrich das Verhalten deines Hundes so schnell wie möglich und belohne ein wenig zurückhaltend, damit sich keine blöde Verhaltenskette bildet. Das kennst du ja schon. Damit dein Hund aber versteht, dass ein Abbruch nicht so schön, aber eine gute Reaktion seinerseits eine richtig tolle, großartige Belohnung nach sich zieht, ist es wichtig, dass du versuchst, die bisher unkontrollierte Situation, aus der du deinen Hund entfernen musstest, in eine kontrollierte Situation umzuwandeln. Das bedeutet: Du bleibst in der Situation, aber veränderst sie so, dass dein Hund wieder ruhiger und ansprechbarer ist und wieder mit dir trainieren kann. Lauf nicht weg, sondern nutze diese Übungsgelegenheit.
Oft reicht es dafür aus, einfach etwas mehr Abstand einzunehmen. Ist ein fremder Hund 15 Meter weit entfernt, wird er oft weniger heftig angebrüllt, als wäre er drei Meter weit entfernt. Ist das Mauseloch erst einmal aus dem unmittelbaren Blickfeld verschwunden, wird oft auch der Blick deines Hundes wieder klarer. Wenn es also möglich ist, versuche, etwas mehr Abstand zwischen deinen Hund und das, was seine Aufregung verursacht, zu bringen. Geh zur Seite oder dreh auf deinem Weg um, suche Garageneinfahrten, abzweigende Wege oder stelle dich mit deinem Hund hinter parkende Autos, was auch immer. Tu alles, damit ihr beide mal kurz Luft holen könnt. Und wenn ihr kurz Luft geholt habt, geht das Training weiter. Und du weißt ja schon, was du jetzt tun musst: Du nimmst so viel Abstand ein, dass dein Hund ruhiger bleiben kann. Du belohnst ihn für das Wahrnehmen dessen, was ihn so aus dem Hemd hat springen lassen. Du fragst ein Alternativverhalten ab. Und du belohnst ihn so richtig, richtig, richtig dolle gut! Er soll einen deutlichen Unterschied merken zwischen „Ich schrei los und werde abgeführt" und „Ich beherrsche mich und kann mit der Situation umgehen, ohne mich aufzuregen".
Setze die Abbruchsignale also mit Bedacht und sinnvoll ein. Schreibe dir auf, wenn eine Situation aus dem Ruder gelaufen ist, und überlege, wie du das in Zukunft verhindern kannst, sodass du immer mehr ruhige Trainingssituationen in deinem Alltag hast und immer weniger unkontrollierbares Zeugs. Und je mehr Trainingssituationen du erschaffen kannst, umso schneller lernt dein Hund das, was du möchtest, dass er lernt. Eigentlich logisch, oder?

WICHTIG

Immer, wenn du mal eine richtig blöde Situation hattest, ist das ein Warnsignal für dich, dass du im Alltag vorübergehend noch mehr auf Management setzen musst. Wenn von zehn Situationen neun erst einmal aus dem Ruder laufen, weil du „überrascht" wurdest, dann lernt dein Hund neun Mal, sich erst furchtbar aufzuregen, bevor er in den Trainingsmodus einsteigen kann.
Wenn du von zehn Situationen neun so gestalten kannst, dass sich dein Hund nicht mehr aufregen muss und neue Strategien lernt, mit einer Situation umzugehen, dann lernt er neun Mal, sich gut zu verhalten. Rate, was schneller, effektiver und nachhaltiger ist.

Fazit

Lass uns doch nochmal zusammenfassen, was du gelernt hast. Müssen Grenzen sein? Ja! Grenzen sind wichtig, um miteinander leben zu können.

Musst du Grenzen setzen, indem du deinen Hund einschüchterst oder ihm wehtust? Nein! Im Gegenteil. Angst oder Schmerzen können sehr heftige Nebenwirkungen verursachen.

Suche das gute Verhalten

Das, was dich ärgert, macht dein Hund nicht, um dich zu ärgern! Er kann halt nicht anders und du hast ihm bisher noch nicht gezeigt, wie es anders gehen könnte.

Es könnte auch sein, dass dein Hund körperliche Probleme hat oder unter akutem Stress steht und sich deswegen blöd benimmt. Bevor du mit dem Training beginnst, solltest du so viele Stressfaktoren wie möglich ausschalten. Manchmal hat sich dann schon das unerwünschte Verhalten eines Hundes von selbst erledigt.

Management ist Trumpf! Torpediere dein Training nicht unnötig, sondern sorge dafür, dass dein Hund nicht immer wieder unkontrolliert in Situationen gebracht wird, mit denen er (noch) nicht umgehen kann.

Der wichtigste Punkt: Suche das gute Verhalten! Belohne deinen Hund, wenn er sich (noch) angenehm verhält. Auch dann, wenn das „Angenehme“

Mit systematischem Training zum Ziel.

nur einen kurzen Moment dauert. Durch dein Belohnen dauert es immer länger an.

Sag deinem Hund nicht, was er lassen soll, sondern sag ihm (und übe mit ihm systematisch und durchdacht), was er tun soll!

Übe Abbruchsignale, bei denen dein Hund nicht viel „tun" muss und die er ganz einfach durchführen kann.

Hab Geduld! Je überlegter, systematischer und konzentrierter du mit deinem Hund trainierst, umso schneller kommst du ans Ziel. Schritt für Schritt, eins nach dem anderen.

DEIN FAHRPLAN IN DEN NÄCHSTEN WOCHEN

Schau auf deinen Zettel, den du dir bereitgelegt hast. Was steht da schon alles? Und was musst du noch ergänzen?

Als Erstes schreibst du ganz genau auf, welches Verhalten deines Hundes dich nervt! Schreibe nicht einfach: „Der bellt zu viel", sondern schreibe „Er bellt, wenn er Postbote kommt" oder „Er bellt, wenn jemand an der Tür klingelt". Suche dir ein klar umrissenes Problem aus, an dem du arbeiten möchtest. Nerven dich mehrere

Kommt zur Ruhe und habt Spaß!

Dinge, dann beginne zunächst mit einem einzigen Problem und erkläre das zum „Problem des Tages", das du lösen möchtest. Alles andere hat Zeit. Suche dir also nur eine Sache aus, die du verändern möchtest. Das reicht erstmal.

Als Nächstes schwörst du dir, dass du, egal, wie sehr dich dein Hund nervt, deine eigenen Nerven behalten wirst. Nimm es nicht persönlich, wenn dein Hund Mist baut. Ja, du bist auch nur ein Mensch und manchmal platzt einem der Kragen, aber versuche, in den nächsten Wochen so ruhig wie möglich zu bleiben, damit dein Kopf für das Training frei bleibt.

Im nächsten Schritt überlegst du, welche Ursachen das Verhalten deines Hundes haben könnte. Hat er vielleicht arg viel Stress im Moment? Hat er vielleicht körperliche Probleme? Verträgt er sein Futter? Gibt es etwas, was du verändern kannst, damit er sich körperlich und psychisch wohler fühlt? Mache dir Notizen: Braucht dein Hund einen Besuch beim Tierarzt? Oder einfach nur mehr Ruhe?

Dein nächster Job ist es, durch Management dafür zu sorgen, dass dein Hund in den nächsten Wochen nach Möglichkeit das Verhalten, das dir nicht gefällt, nicht mehr zeigen muss. Verändere die äußeren Umstände so, dass ihr beide mal eine Runde durchatmen und in Ruhe trainieren könnt. Schreibe auf: Welche Management-Maßnahmen musst du treffen?

Wenn du alle Vorbereitungen getroffen hast, kannst du anfangen zu trainieren. Schreibe eine Ablenkungsliste, damit du systematisch trainieren kannst, und sorge für kontrollierte Trainingssituationen. Gestalte die

Situation so, dass du sichergehen kannst, dass dein Hund noch gut reagieren kann. Dann belohnst du deinen Hund, sobald er das wahrgenommen hat, was ihn normalerweise zu blödem Verhalten triggert. Belohne ihn so schnell und so gut, dass er auf keinen Fall unerwünschtes Verhalten zeigt.
Schreibe auf: Welche Belohnungen sind passend für deinen Hund in dieser Situation? Zu welchem Zeitpunkt musst du deinen Hund nett unterbrechen? Wie musst du das Training so gestalten, dass du auf einer ganz einfachen Stufe anfangen kannst? Was brauchst du dazu? Wie muss die erste Trainingseinheit aussehen, sodass sie für euch beide sehr erfolgreich ist? Vergiss dabei nicht deine Ablenkungsliste.
Sobald du merkst, dass dein Hund ruhiger und ansprechbarer wird, solltest du dir sorgfältig überlegen, was für ein alternatives Verhalten dein Hund ab sofort zeigen soll. Wähle ein Verhalten, mit dem du dich wohlfühlst und mit dem auch dein Hund sich wohlfühlt. Und dann übst du dieses Verhalten mit deinem Hund. Immer und immer wieder unter langsam steigender Ablenkung. So lange, bis er das Verhalten von sich aus zeigt und du ihm nicht mehr helfen musst.
Schreibe auf: Welches Verhalten möchtest du von deinem Hund? Wie genau soll das aussehen? Kann er das bereits? Wie bringst du ihm das am besten bei?
Zeitgleich übst du für blöde Situationen Notfallsignale wie „Stopp!!" oder den Geschirrgriff, damit du gut gerüstet bist, falls dein Hund mal nicht wie gewünscht reagieren kann.
Schreibe auf: Welche Notfallsignale machen für euch Sinn? Wie bringst du sie deinem Hund am besten bei? Welchen ersten Schritt kannst du heute machen?
So, alles notiert? Dann kann's ja losgehen!
Jetzt bist du hoffentlich nicht mehr der Meinung, dass dein Hund einfach nur ein Arsch ist und es notwendig ist, dass du ihm das Fell über die Ohren ziehst, damit er funktioniert. Mit systematischem Training kannst du Verhalten, das dir nicht gefällt, verändern. Wenn du dabei deinen Fokus auf das legst, was dein Hund gut macht, wirst du schnell merken, dass ihr viel entspannter und geduldiger miteinander umgehen könnt. Dadurch entsteht gegenseitiges Vertrauen und es lässt euch gemeinsam wachsen.

Hab viel Spaß beim Training!

Gegenseitiges Vertrauen

SERVICE
– NÜTZLICHES FÜR HUNDEHALTER

Zum Weiterlesen aus dem Kosmos-Verlag

Anja Fiedler: **Jagdverhalten verstehen, kontrollieren, ausgleichen**

Jean Donaldson: **Hunde sind anders ... Menschen auch.** So gelingt die problemlose Verständigung zwischen Mensch und Hund

Jean Donaldson: **Hunde sind anders.** Das Praxisbuch: Positive Bestärkung erfolgreich anwenden

Karen Pryor: **Positiv bestärken – sanft erziehen.** Der Klassiker zum Clicker-Training

Karen Pryor: **Die Seele der Tiere erreichen:** Erfolgreich kommunizieren mit positiver Bestärkung

Ulrike Seumel: **Marker-Training für Hunde.** Auf Augenhöhe zum glücklichen und kooperativen Hund.

Nützliche Adressen & Links

Hey-Fiffi.com
Die Plattform für Trainingsvideos

www.hundeschule-holledau.de
Seminare, Vorträge und Einzelunterricht

facebook.com/Hundeschule Holledau
Aktuelle Termine

instagram.com/kosmos.hund
Noch mehr Hundebücher, Webinare, Online-Kurse

Register

BILDNACHWEIS

Alle Fotos wurden von Anna Auerbach / Kosmos für dieses Buch aufgenommen.

IMPRESSUM

Umschlag- und Klappengestaltung von GRAMISCI Editorialdesign, Claudia Geffert, München, unter Verwendung von 8 Farbfotos von Anna Auerbach / Kosmos.

Mit 91 Farbfotos.

Alle Angaben in diesem Buch erfolgen nach bestem Wissen und Gewissen. Sorgfalt bei der Umsetzung ist indes dennoch geboten. Der Verlag und die Autorin übernehmen keinerlei Haftung für Personen-, Sach- oder Vermögensschäden, die aus der Anwendung der vorgestellten Materialien, Methoden oder Informationen entstehen könnten.

Unser gesamtes Programm finden Sie unter **kosmos.de.**
Über Neuigkeiten informieren Sie regelmäßig unsere Newsletter, einfach anmelden unter **kosmos.de/newsletter**

Gedruckt auf chlorfrei gebleichtem Papier

ISBN 978-3-440-16915-5
Redaktion: Katja Pauls
Gestaltung und Satz: Atelier Krohmer, Dettingen/Erms
Produktion: Nina Renz
Druck und Bindung: Westermann Druck Zwickau GmbH, Zwickau
Printed in Germany / Imprimé en Allemagne

FSC
www.fsc.org
MIX
Papier aus verantwortungsvollen Quellen
FSC® C110508

Jagdlich motivierte Hunde — bedürfnisgerecht führen

264 Seiten, ca. € (D) 28,00

Ein auffliegender Fasan, eine frische Hasenspur oder der Anblick eines Rehs lässt jagdlich motivierte Hunde in Sekundenschnelle aus dem Häuschen geraten. Entweder sind sie auf und davon oder sie toben an der Leine und sind nicht mehr ansprechbar. Wäre es nicht schön, wenn der Hund von sich aus gutes Verhalten anbietet, Wild sicher anzeigt und sich in jeder Lebenslage kontrollieren lässt? Anja Fiedler gibt Hundehaltern ein ganzheitliches Konzept an die Hand, das auf positiver Verstärkung basiert. Die Bedürfnisse des Hundes werden dabei berücksichtigt und geschickt in das Training eingeflochten.

Ihre Themen — Unser Newsletter

Sie möchten regelmäßig aktuelle Neuigkeiten, Informationen und Angebote zum Thema Hunde erhalten?

— **Fundiert recherchiert**
— **Wissen aus der Praxis**
— **Alles Wichtige auf einen Blick**

Dann melden Sie sich jetzt für unseren Newsletter an.

www.kosmos.de/neues

Hundeerziehung
—— ohne Druck

176 Seiten, ca. € (D) 20,00

Ulrike Seumel, Trainerin für Menschen mit Hund und online sehr gefragte Expertin, erklärt, wie die Arbeit mit Markersignalen funktioniert und wie man sie im Alltag mit Hunden anwendet. Schwerpunkt des Trainings ist, das richtige Verhalten des Hundes zu fördern und unerwünschtes Verhalten nachhaltig zu verändern – alles ohne Schreckreize und Druck. Eine sehr erfolgreiche Methode für jeden Hund und jedes Verhaltensproblem.

kosmos.de

Was Hunde alles wissen —— und können

112 Seiten, ca. € (D) 17,00

Mit den Tests in diesem Buch erleben Hundehalter Wissenschaft zum Anfassen. Die Versuche stammen aus der Verhaltensforschung, sind leicht nachzumachen und bringen ganz schnell die Stärken und Schwächen eines Hundes zum Vorschein.

Wie verhält sich der eigene Hund? Und was bedeuten die Erkenntnisse für den Mensch-Hund-Alltag? Die Autoren erläutern, wie man die Testergebnisse nutzen kann, um Erziehung, Beschäftigung und Ausbildung seines Vierbeiners optimal zu unterstützen.